Mercedes-Benz

Mercedes-Benz

Mercedes-Benz

벤츠정비의 하이테크

모 준 범 지음

2

GoldenBell
www.gbbook.co.kr

PREFACE

「자동차 정비」의 시작은 바로 자기 관리의 시작으로부터 기초한다.

몸과 생각이 바른 정비사가 풍부한 경험과 지식으로 올바른 행동을 해야 정확한 진단이 되고 주위의 혼돈으로부터 바른길을 갈 수 있을 것이다.

자동차 정비의 정(整)은 가지런할 '정'이고 비(備)는 갖출 '비'이다.

일반적으로 「정비」란 흐트러진 체계를 정리하여 제대로 갖춘다는 의미가 있고, 자동차 분야에서는 엔진이나 동력전달 그리고 제동장치가 정상적으로 작동되도록 유지·보수하는 것을 의미한다.

현재 자동차는 내연기관을 경유하여 하이브리드 시스템과 플러그인 하이브리드 시스템을 거쳐서 48V 시스템과 전기차로 이어지고 있다.

일반인에게는 다소 복잡하게 들릴 수 있을 것이다. 그러나 재직 중인 정비사라면 역시 이 흐름을 따라야 한다는 생각을 해야 한다.

기술은 단번에 숙지할 수 없더라도 차근차근 한 발 한 발 내딛다 보면, 나도 모르게 어느 정도의 위치에 오름을 깨닫게 될 것이다.

다양한 시스템이 장착된 차량들이 존재하기에 다양한 증상이 발생될 수 있다.

이 책은 다소 전문적인 용어 사용이나, 특정 시스템이 포함되어 있고, 영어로 표현되어 있지만 차제에 공부 겸 읽다 보면 쉽게 납득이 되리라고 믿는다.

앞으로의 사회는 로봇이 주류를 이루기 때문에 직업상으로도 자동차 정비는 지속 가능한 직업 중 하나이다. 자동차 정비 기술은 공부를 꾸준히 해야 한다. 오늘도 하나 더 배워서 더 나은 지식으로 겸허하게 누군가에게 도움이 될 수 있도록 노력하자.

이 책은 누군가에게 희망이 될 수도 있고, 갈증에 시원한 물이 될 수도 있다. 내일을 위해 준비하는 자동차 정비사에게 좋은 기억으로 남았으면 한다.

호주 시드니 알렉산드리아에서...

2024년 02월

CONTENTS

■ April

■ May

■ June

CONTENTS

October

November

December

205

Mercedes-Benz

01

엔진 시동이 걸리지 않는다

🚗 **차량정보**

모델	· C 200
차종	· 205
차량 등록	· 2019년 04월
주행 거리	· 26.216km

 고객불만

엔진 시동이 걸리지 않아서 견인, 입고하였다.

☑ 그림 1.1   205 차량 전면

진단 순서

엔진의 시동이 걸리지 않아서 견인, 입고하였다. 타직원이 점검하였으나 마무리하지 못하여 작업을 부여받았다. 해당 차량은 48V 고전압 차량 시스템이 장착되어 있다. 일반 차량과는 일부 시스템이 다르나 일반적인 사항은 동일하다.

차량을 전자 점검하기 위하여 Xentry test를 실시하였다.

M1/10 - Control unit 'Belt-driven starter alternator' (BSA) -!-

The following fault has occurred: Error details:Ecu is not available

N118 - Control unit 'Fuel pump' (FSCU08) -✓-

Model	Part number	Supplier	Version
Hardware	000 901 38 06	Continental	16/34 000
Software	000 902 02 38	Continental	16/48 000
Software	000 903 53 13	Continental	17/10 000
Boot software	---	---	11/20 000
Diagnosis identifier	00330C	Control unit variant	FSCM_GEN4_Programmst and_x30C

N162 - Ambiance light (AML) -✓-

Model	Part number	Supplier	Version
Hardware	222 901 41 03	Delphi	16/02 000
Software	222 902 66 17	Delphi	17/43 000
Boot software	---	---	15/28 000
Diagnosis identifier	020305	Control unit variant	ALC213_ALC213_020305

☑ **그림 1.2** M1/10 - Belt-driven starter alternator 컨트롤 유닛 통신 불량

그림 1.2에서 보이듯이 M1/10 – Control unit 'Belt – driven starter alternator'(BSA)(벨트 구동 스타터 알터네이터 컨트롤 유닛)과 현재 통신이 정상적으로 이루어지지 않고 있다. 고전압 전원 라인을 확인해보니 약 46.2V를 보여주고 있으며, 접지 단자는 이상이 없었다.

☑ 그림 1.3 고전압 전원 라인 확인

XENTRY

Ⓜ Mercedes-Benz

· C051039 The left rear wheel speed sensor has a sporadic malfunction. The signal has too few pulses.	CURRENT ⸢
· C051639 The right rear wheel speed sensor has a sporadic malfunction. The signal has too few pulses.	CURRENT ⸢
· P050FFF The vacuum in the brake booster is too low. _	CURRENT ⸤
· U0110FA Communication with control unit "Electric machine A" has a malfunction. _	CURRENT ⸤
· U0110FB Communication with control unit "Electric machine A" has a malfunction. _	CURRENT ⸤
· U0100FA Communication with the control unit 'combustion engine' has a malfunction. _	STORED ⸤
· U042300 Implausible data were received from the instrument cluster. _	STORED ⸤
· U11A5FB Communication with sensor 'Yaw rate, lateral and longitudinal acceleration' has a malfunction. _	STORED ⸤
⊜ U11A5FF Communication with sensor 'Yaw rate, lateral and longitudinal acceleration' has a malfunction. _	STORED ⸤

⊟ Control unit-specific environmental data

Name	First occurrence	Last occurrence
Steering wheel angle	0.0°	0.0°
Voltage at circuit 30	12.16V	12.16V
Brake pedal OPERATED	nein	nein
Operating time	2741140942	2741140942
Status of operating time	1	1
Speed signal from component 'L6/1 (Left front axle rpm sensor)'	0.0km/h	0.0km/h

⊟ Supplemental information on time of occurrence

Name	First occurrence	Last occurrence
Frequency counter	---	1
Main odometer reading	26208.00km	26208.00km
Operating cycle counter		0

⊜ U11A5E2 Communication with sensor 'Yaw rate, lateral and longitudinal acceleration' has a malfunction. _	STORED ⸤

⊟ Control unit-specific environmental data

Name	First occurrence	Last occurrence
Steering wheel angle	0.0°	0.0°
Voltage at circuit 30	12.16V	12.16V
Brake pedal OPERATED	nein	nein
Operating time	2741140942	2741140942
Status of operating time	1	1
Speed signal from component 'L6/1 (Left front axle rpm sensor)'	0.0km/h	0.0km/h

⊟ Supplemental information on time of occurrence

Name	First occurrence	Last occurrence
Frequency counter	---	1
Main odometer reading	26208.00km	26208.00km
Operating cycle counter	---	0

☑ 그림 1.4 ESP 컨트롤 유닛 내부 고장 코드

그림 1.4에서 보여주는 ESP 컨트롤 유닛 내부 고장 코드는 다양한 부분에서 오류를 보여 주고 있어서 고장 코드에 따른 내용을 파악하고, 가이드 테스트를 기준으로 참고해야 한다.

☑ **그림 1.5** ESP 컨트롤 유닛 내부 실제 값

그림 1.5에서는 ESP 컨트롤 유닛의 내부 실제 값을 보여주고 있으나, 전축과 후축의 휠 속도의 실제 값 차이가 확연히 차이가 있음을 확인할 수 있다.

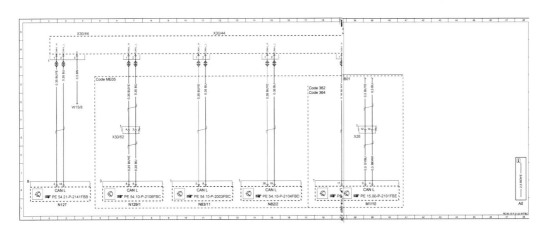

☑ **그림 1.6** X30/44 Hybrid CAN (CAN L) potential distributor 회로

그림 1.6에서 보여주듯이 M1/10 – Contron unit 'Belt-driven starter alternator' (벨트 구동 스타터 알터네이터 컨트롤 유닛)은 X30/44 Hybrid CAN을 통하여 N127 – Drivetrain control unit과 연결이 되어 있다. X30/44의 상태를 점검하기 위하여 위치를 확인하였다.

Model 205
as of model year 2019

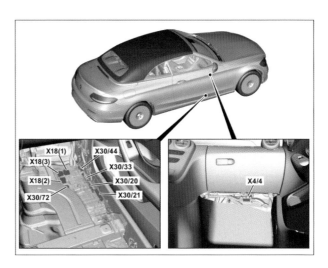

☑ **그림 1.7** X30/44 Hybrid CAN (CAN L) potential distributor 위치

X30/44의 위치는 그림 1.7에서 보이듯이 앞 우측 발판 우측 하단에 정렬되어 위치함을 확인하였다. 해당 CAN 분배기와 주변 CAN 분배기의 상태를 확인하였다.

X30/44_CAN 분배기를 육안 점검 시 손상 여부, 이물질 유입 그리고 부식 등을 확인할 수 없었다. 그리고 X30/44_CAN 분배기의 전압을 측정하였다.

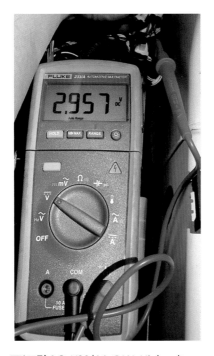

☑ **그림 1.8** X30/44_CAN_High voltage

☑ **그림 1.9** X30/44_CAN_Low voltage

그림 1.8에서는 X30/44의 High가 약 2.9V를 보여주고, 그림 1.9에서는 X30/44의 Low가 약 2.0V를 보여주고 있다. 일반적으로 평균 전압이 High가 약 2.7V이고, Low가 약 2.3V를 보여주는데 정상이 아님을 판단할 수 있다. Belt-driven starter alternator(벨트 구동 스타터 알터네이터)의 불량으로 판단되었다.

☑ 그림 1.10 Belt-driven starter alternator(벨트 구동 스타터 알터네이터)

Belt-driven starter alternator(벨트 구동 스타터 알터네이터) 부품을 교환하고 진단기로 초기 설정을 완료하였다.

XENTRY ⊗ Mercedes-Benz

Documentation for repair order

Important notes:
All input fields must be filled out. Print out order log for documentation purposes. A printout of the log with the repair order number entered must always be filed along with the repair documents for any potential check of warranty and goodwill claims by the MPC. The event log is no longer available after exiting this screen.

The procedure was completed successfully.

Control unit	Programming	Coding
DC/DC converter	✓	✓
48-V on-board electrical system battery	✓	▬
Motor electronics 'MED41' for combustion engine 'M2...	✓	✓
Transmission control for 9-speed transmission	✓	✓

☑ 그림 1.11 진단기 초기 설정 완료

해당 작업 과정에서 냉각수가 배출되므로, 냉각수 주입은 그림 1.12에서 보이듯이 냉각수 주입 진공 장치를 설치하여 진공 작업을 실시하고 주입해야 한다. 냉각수 펌프가 기계식이 아니고 전자식이므로 내부에 에어가 배출되지 않으면, 엔진이나 전자 관련 부품 등이 과열되어서 2차 손상이 발생될 가능성이 높으므로 주입 작업을 확실히 마무리하도록 한다.

☑ 그림 1.12 냉각수 주입 진공 장치 설치

트러블의 원인과 수정

 원인 Belt-driven starter alternator(벨트 구동 스타터 알터네이터)의 기능 오류가 발생하였다.

 수정 Belt-driven starter alternator(벨트 구동 스타터 알터네이터)를 교환하였다.

참고사항

- 해당 차량은 48V 시스템이 장착되어 있어서, 기존 시스템과는 좀 다르다고 볼 수 있다.

- 해당 차량은 기존의 기동 전동기가 Belt-driven starter alternator(벨트 구동 스타터 알터네이터)로 대체가 되어 시동 시 엔진이 부드럽게 작동된다.

- 최근 차량들은 고전압 배터리를 장착하는 빈도가 높아지고 있어서, 냉각 시스템의 구조와 방식의 변화가 증가하고 있으므로 추가적인 지식이 필요하다.

- 기존의 냉각 시스템이 기계식에서 전자식으로 바뀌고 있으므로, 냉각수 주입 진공 장치와 같은 특수공구를 사용하여 추가적인 2차 손상이 없도록 해야 한다.

- 특히, 고가의 부품을 진단하여 교체해야 하였기에, 정밀한 진단이 필요한 케이스였다.

Mercedes-Benz 204

 차량정보

모델	C 250
차종	204
차량 등록	2011년 12월
주행 거리	60,474km

02

경고등이 점등되고,
엔진 냉각팬이 비상구동한다

 고객불만

계기판에 ESP 등 각종 경고등이 점등되고, 엔진 냉각팬이 비상구동한다.

☑ 그림 2.1 204 차량 전면

진단 순서

차량을 시동하면 계기판에 ESP 등 각종 경고등이 점등되고, 엔진 경고등과 모든 경고등이 점등되며, 엔진 냉각팬이 비상 구동됨을 확인하였다.

차량을 전자 점검하기 위하여 Xentry test를 실시하였다.

N93 - Central gateway (CGW [ZGW])				-f-
Model	Part number	Supplier	Version	
Hardware	212 901 80 04	Bosch	10/20 01	
Software	212 902 55 05	Bosch	11/04 65	
Boot software	---	---	11/04 65	

Diagnosis identifier		020152		Control unit variant		AJ2011_1	
Fault	Text						Status
U103288	Chassis CAN communication has a malfunction. Bus OFF						S
	Name			First occurrence	Last occurrence		
	Value of main odometer reading			60448.00km	Signal NOT AVAILABLE		
	Frequency counter			---	255		
	Number of ignition cycles since the last occurrence of the fault			---	4		
U103212	Chassis CAN communication has a malfunction. There is a short circuit to positive.						S
	Name			First occurrence	Last occurrence		
	Value of main odometer reading			Signal NOT AVAILABLE	60464.00km		
	Frequency counter			---	49		
	Number of ignition cycles since the last occurrence of the fault			---	1		
U10322A	Chassis CAN communication has a malfunction. There is no signal change.						S
	Name			First occurrence	Last occurrence		
	Value of main odometer reading			60448.00km	60464.00km		
	Frequency counter			---	37		
	Number of ignition cycles since the last occurrence of the fault			---	3		

Event	Text						Status
B210A00	The power supply in the system is too low. _						S
	Name			First occurrence	Last occurrence		
	Value of main odometer reading			60464.00km	Signal NOT AVAILABLE		
	Frequency counter			---	2		
	Number of ignition cycles since the last occurrence of the fault			---	8		
U118200	The chassis CAN network management is unstable. _						A+S
	Name			First occurrence	Last occurrence		
	Value of main odometer reading			60448.00km	60464.00km		
	Frequency counter			---	176		
	Number of ignition cycles since the last occurrence of the fault			---	0		

S=STORED, A+S=CURRENT and STORED

☑ 그림 2.2 CGW 컨트롤 유닛 내부 고장 코드

N93-Central gateway control unit(중앙 게이트웨이 컨트롤 유닛)의 내부에 U103288, U103212, U10322A 등의 고장 코드를 확인하였다. 가이드 테스트를 진행하였다.

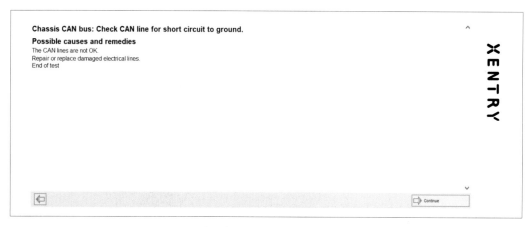

☑ 그림 2.3 가이드 테스트 결과

가이드 테스트 후, 섀시 CAN의 배선 연결 상태가 좋지 못하니 배선을 점검하고 수리를 하라는 결과를 확인하였다. 물론 실내 CAN과 SRS 에어백 관련 경고등과 커맨드 오디오 관련 고장 코드가 다양하게 확인되었으나 간략히 포인트만 확인하여 진행하였다.

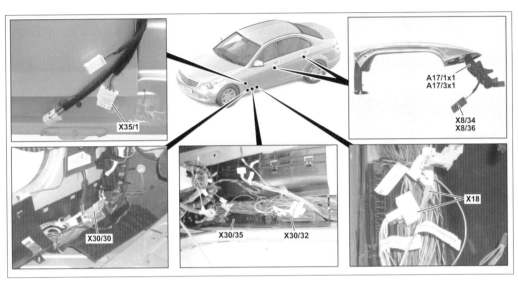

☑ 그림 2.4 X30/30, 섀시 CAN 위치

WIS에서 X30/30, 섀시 CAN 분배기의 위치는 운전석 발판 좌측에 위치하고 있음을 보여준다. 호주는 운전석이 우측에 있어서 그림과 반대로 우측 발판 안쪽에 위치하고 있다.

X30/30, 섀시 CAN 분배기를 확인하기 위하여 운전석 하단 플로워 매트를 들어보니 물이 흥건히 젖어 있었다. 동반석을 점검 시 동일하게 수분이 유입되어 젖어 있었다.

☑ 그림 2.5 좌측 플로어 매트 하단 수분

해당 차량의 수분 유입을 점검하기 위하여 차량 외부에서 물을 뿌리고 점검해 보니 좌우측 A필러 부근에서 물이 내려왔다. 선루프 드레인 부근을 점검해 보니 그림 2.7과 그림 2.8과 같이 선루프 드레인 라인에 물이 고여 있었다.

선루프 우측의 경우는 육안 점검 시 그림 2.9에서 보이듯이 얇고 긴 나뭇가지 껍질이 선루프 드레인 홀에 끼어서 배수를 방해하고 있었다.

☑ 그림 2.6 우측 플로어 매트 하단 수분

☑ 그림 2.7 좌측 선루프 드레인 라인

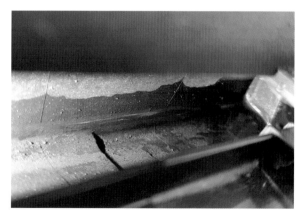

☑ 그림 2.8 우측 선루프 드레인 라인

☑ 그림 2.9 우측 선루프 드레인 라인 이물질

이와 같이 이물질을 제거하고도 물 배수의 속도가 낮아서 선루프 드레인 호스 끝부분을 확인해 보았더니, 예상대로 선루프 드레인 호스 끝에서 이물질로 인하여 막혀 있었다.

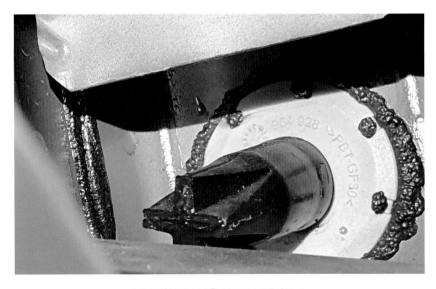

☑ 그림 2.10 좌측 선루프 드레인 호스

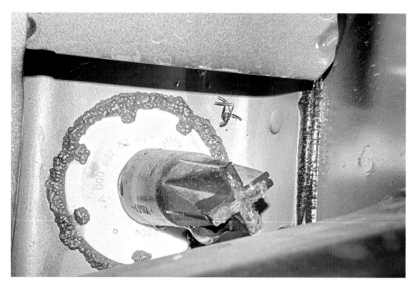

☑ **그림 2.11** 우측 선루프 드레인 호스

그림 2.10과 그림 2.11은 선루프 드레인 호스 끝부분인데 이물질이 굳어지고 막혀서 물배수가 원활하지 못하였던 것이었다. 선루프 드레인 호스 끝부분을 청소하고 배수구 통로를 확장 개방하여 물 배수에 저항이 없이 원활한 배출이 이루어지도록 작업을 실시하였다.

원인을 확실히 확인하고 조치하였으나, 수분 실내 유입으로 인한 실내 전기 배선 라인의 부식을 다수 확인하게 되었다. 그림 2.12는 운전석 하단 전기 배선 라인의 부식 상태를 보여주고 있고, 그림 2.13은 해당 CAN 분배기 하단의 수분 침투로 인한 부식 상태를 보여준다.

☑ **그림 2.12** 운전석 하단 전기 배선 부식

해당 차량은 수분 침투로 인하여 부식된 전기 관련 부품의 교환을 실시하였다. 추가적으로 부식 방지 처리를 하고 손상된 배선은 수리를 하였다. 바닥 매트는 충분히 건조 처리하여 차후 곰팡이가 생기지 않도록 처리하고 마무리하였다.

☑ 그림 2.13 CAN 분배기 하단 부식

트러블의 원인과 수정

 원인 선루프 드레인 배수 라인에 나뭇가지 등의 이물질이 삽입되어 배수 불량이 발생하였고, 선루프 드레인 호스 끝부분이 이물질로 인하여 막힘이 확인되었다.

 수정 선루프 드레인 라인의 나뭇가지와 이물질을 제거하고, 선루프 드레인 호스 끝부분의 이물질을 제거하였다. 추가적으로 배수구 드레인 말단 통로를 확장 개방하여 배수의 원활함을 확보하였다. 부식된 부품은 교환하고, 전기 배선 수리를 추가적으로 진행하였다.

참고사항

- 선루프 장착 차량의 경우 주행 중에 선루프를 여는데, 이러한 경우 외부의 다양한 이물질들이 운전자도 모르는 사이에 차량의 실내 또는 특정한 틈새 사이로 유입될 수도 있다.

- 선루프를 열고 있다가 바람에 날려서 이물질이 선루프 틈새 사이에 들어갈 가능성이 충분히 있으므로 운전자의 주의가 요구된다.

- 해당 차량의 선루프 드레인 호스 끝부분은 앞 휠하우스 커버를 탈착하고, 안쪽의 A필러 하단을 찾아보면 확인이 가능하다.

Mercedes-Benz | 212

🚗 **차량정보**

모델	· E 250
차종	· 212
차량 등록	· 2015년 12월
주행 거리	· 43,571km

03

프리세이프 기능, 능동 차선 유지 경고등이 점등된다

 고객불만

계기판에 프리세이프 기능, 능동 차선 유지 기능, 사각지대 보조 기능 작동 불량 경고등이 점등한다.

그림 3.1 212 차량 전면

진단 순서

차량을 엔진 시동하면 계기판에 프리세이프 기능 불량, 능동 차선 유지 기능 작동 불량, 사각지대 보조 기능 작동 불량의 메시지를 확인하였다.

차량을 전자 점검하기 위하여 Xentry test를 실시하였다. 그림 3.2와 같은 고장 코드를 N62/1, Radar sensors control unit(레이더 센서 컨트롤 유닛)에서 확인할 수 있었다.

N62/1 - Radar sensors control unit (SGR)   -i-

Model	Part number	Supplier	Version
Hardware	099 901 21 00	ADC	13/07 00
Software	000 902 48 25	ADC	14/15 00
Boot software	---	---	13/06 00

Diagnosis identifier	023015	Control unit variant	RDU_212FR_023015

Event	Text		Status
U145C78	Component 'B29 (Front long-range radar sensor)' is incorrectly adjusted.		A+S
	Name	First occurrence	Last occurrence
	Power supply	---	12.00V
	Vehicle speed	---	AT STANDSTILL
	Outside temperature	---	>= 26.00°C
	Status of service brake	---	NOT ACTIVATED
	Windshield wiper	---	OFF
	Status of engine operation	---	RUNNING
	Engine start	---	NO
	Fault frequency	---	19.00
	Main odometer reading	43504.00km	43568.00km
	Number of ignition cycles since the last occurrence of the fault	---	0

A+S=CURRENT and STORED

☑ 그림 3.2 N62/1_레이더 센서 컨트롤 유닛 내부 고장 코드

Event_U145C78에 의거하여 가이드 테스트를 진행하여 그림 3.3의 결과를 확인하였다.

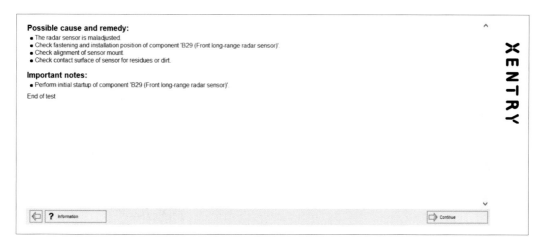

☑ 그림 3.3 가이드 테스트 실시

그림 3.4에서처럼 N62/1, 레이더 센서 컨트롤 유닛의 설정을 리셋하였다.

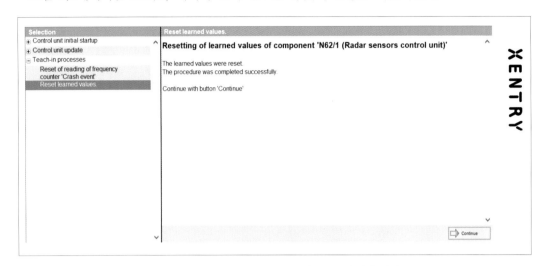

☑ 그림 3.4 N62/1, 레어더 센서 컨트롤 유닛 리셋 실시

그림 3.5에서처럼 N62/1, 레이더 센서 컨트롤 유닛의 초기 설정을 진행하였다.

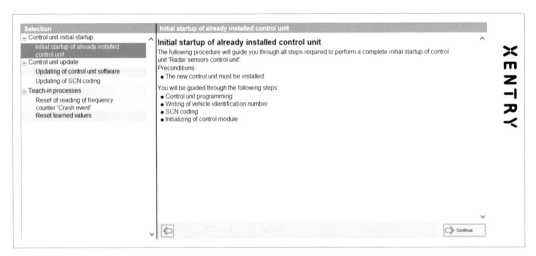

☑ 그림 3.5 N62/1, 레어더 센서 컨트롤 유닛 초기 설정

일반적으로 초기 설정 작업은 기존 컨트롤 유닛의 기능 불량으로 인하여 새로운 컨트롤 유닛으로 교환 작업을 실시하거나, 차대번호에 따른 새로운 내용을 전반적으로 재입력할 때 실시하게 된다.

그림 3.5에서처럼 순서는 Control unit programming(컨트롤 유닛 프로그래밍)을 실시하고, Writing of vehicle identification number(차대번호 입력)하고, SCN coding(SCN 코딩)을 입력하고, Initializing of control module (컨트롤 모듈 초기화) 작업을 실시한다.

해당 작업을 실시하였으나 증상은 동일하였다.

레이더 센서 컨트롤 유닛의 실제 값을 확인해 보았다. 그림 3.6에서처럼 Horizontal(수평)이 맞지 않는다고 보여주고 있다. 그리고 Vertical(수직)은 조정이 되어졌다고 보여진다.

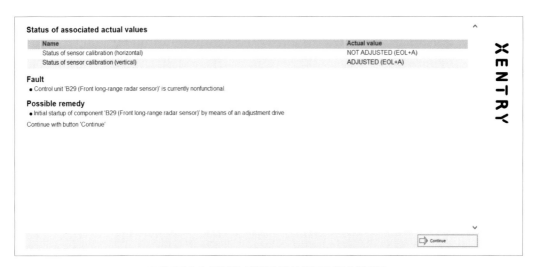

☑ 그림 3.6 N62/1, 레이더 센서 컨트롤 유닛 실제 값

그림 3.7에서는 앞 범퍼를 탈착 후 중앙 프런트 장거리 레이더 센서의 위치를 확인할 수 있다. 프런트 장거리 레이더 센서를 육안 점검 시 약간의 긁힌 자국이 확인되었으나 깨지거나 손상된 것은 확인할 수 없었다.

☑ 그림 3.7 프런트 장거리 레이더 센서 위치

그림 3.8에서는 프런트 장거리 레이더 센서의 긁힌 자국을 확인할 수 있다.

☑ **그림 3.8** 프런트 장거리 레이더 센서 긁힌 자국

그림 3.9에서는 프런트 장거리 레이더 센서 커버와 그릴의 손상을 확인할 수 있었고, 커버의 장착이 정확하지 않음을 확인할 수 있었다.

☑ **그림 3.9** 프런트 장거리 레이더 센서 커버 손상 확인

프런트 장거리 레이더 센서의 브래킷을 확인해보니 탈, 부착 흔적을 찾을 수 있었으며, 프런트 장거리 레이더 센서 고정 브래킷 상부가 안쪽으로 약간 눌려서 휘어져 있음을 확인하였다.

☑ 그림 3.10 프런트 장거리 레이더 센서 커버

트러블의 원인과 수정

원인 프런트 장거리 레어더 센서 고정 브래킷이 변형되어 휘어졌다.

수정 손상된 프런트 장거리 레이더 센서 커버와 프런트 장거리 레이더 센서 그리고 프런트 장거리 레이더 센서 고정 브래킷을 교환하였다.

참고사항

- 일반적으로 손상이나 변형이 육안으로 보이는 경우는 쉽게 판단이 가능하지만, 이처럼 외력에 의해서 약간 눌려서 휘어진 것은 특이 사항이 없으면 무시하는 경우가 많다.

- 주로 레이더 센서 관련 경고등이 점등되는 경우는 센서나 센서 브래킷의 외부 충격에 의해 손상된 경우가 다수 존재한 것으로 생각된다.

- 프런트 레이더 센서의 브래킷이 철판인 경우는 충격을 주거나 외력을 가하면 변형되어 휘어지게 되므로 부품의 운반 및 작업 중에도 주의해야 한다.

차량정보

모델	· C 250
차종	· 204
차량 등록	· 2012년 02월
주행 거리	· 52,949km

04

엔진 시동이 걸리지 않아서 견인, 입고하였다

 고객불만

엔진 시동이 걸리지 않아서 메인 배터리를 교환하였으나 여전히 시동이 걸리지 않는다.

☑ 그림 4.1 204 차량 전면

진단 순서

차량이 엔진 시동이 걸리지 않아서 견인, 입고되었다. 초기 입고 시 배터리는 완전 방전 상태였다. 차량을 전자 점검하기 위하여 Xentry test를 실시하였다. 그림 4.2에서와 같이 N93_Central gateway (중앙 게이트웨이) 내부의 고장 코드를 확인할 수 있었다.

N93 - Central gateway (CGW [ZGW])				-f-
Model	**Part number**	**Supplier**		**Version**
Hardware	212 545 10 01	Bosch		08/43 01
Software	212 902 99 04	Bosch		10/29 75
Boot software	---	---		10/29 75
Diagnosis identifier	020151	Control unit variant		172_E01A

	Fault	Text			Status
	U103788	Communication with the front end CAN bus has a malfunction. Bus OFF			S
		Name	**First occurrence**	**Last occurrence**	
		Value of main odometer reading	52944.00km	52944.00km	
		Frequency counter	---	1	
		Number of ignition cycles since the last occurrence of the fault	---	4	

	Event	Text			Status
	B210A00	The power supply in the system is too low. _			S
		Name	**First occurrence**	**Last occurrence**	
		Value of main odometer reading	52944.00km	52944.00km	
		Frequency counter	---	4	
		Number of ignition cycles since the last occurrence of the fault	---	3	
	U116000	A bus keepawake unit was detected. _			S
		Name	**First occurrence**	**Last occurrence**	
		Value of main odometer reading	52944.00km	52944.00km	
		Frequency counter	---	2	
		Number of ignition cycles since the last occurrence of the fault	---	6	

S=STORED

그림 4.2 N93_Central gateway (중앙 게이트웨이) 고장 코드

U103788 프런트 엔드 CAN 버스에 기능 이상이 있다는 고장 코드와 B210A00 공급 전원 전압이 낮다는 이벤트 코드를 확인할 수 있다.

해당 고장 코드의 가이드 테스트를 실시하였으나 특이 사항을 발견하지 못하였다.

그림 4.3의 스타터 회로도를 참고하여 점검을 진행하였다.

일반적으로 시동 불량으로 견인되어 온 경우는 증상이 다양하므로 하나씩 점검해 나가야만 했다. 우선 배터리 상태가 불량하여 충전을 실시하였다. 충분히 충전이 이뤄지고 시동을 점검해 보니 스타터에서 틱-틱 거리는 소리가 발생되었으나, 엔진 구동은 되지 않았다.

추가적으로 크랭크축을 공구를 사용하여 직접 회전 시켜 보았더니 원활하게 회전되고, 캠축도 이상이 없음을 확인하였다.

그림 4.4는 차체와 엔진의 접지 케이블의 위치를 보여 주고 있다.

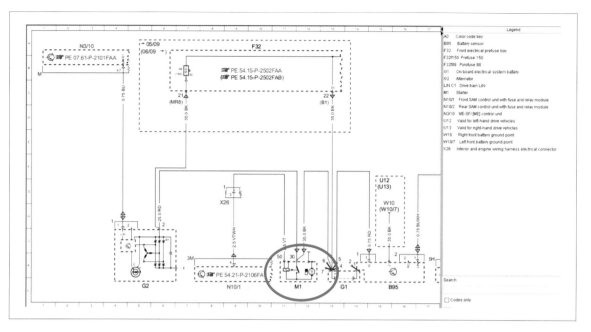

☑ **그림 4.3** 스타터와 발전기 회로

☑ **그림 4.4** 엔진과 차체 접지 케이블 위치

시동키를 돌렸을 때 틱-틱 거리는 현상은 배터리 효율 저하 또는 배터리 방전이 가장 의심 스럽다. 그리고 배터리 접지와 차체 접지를 추가적으로 점검해야 한다.

배터리 플러스 단자와 마이너스 단자를 확인하고, 배터리 접지 상태와 차체 접지 상태를 점검하였다.

부식이나 느슨하게 풀린 부분이 없는지 확인하고, 접지가 불량한 부분은 단단히 고정하는 작업을 실시하였다.

접지 케이블 포인트를 점검하고 확인해 보았으나 증상은 동일하였다.

스타터 상태를 점검하기 위하여 배터리를 탈착하고 스타터를 점검하였다.

스타터 ST단자 상태를 확인해 보니 정상적으로 장착이 되어 있었고, B단자 상태도 정상적으로 장착이 되어 있었다.

하지만 스타터 모터 보디로 연결되는 M단자 연결 너트가 느슨하게 풀려 있음을 확인하였다.

해당 너트를 규정으로 조이고 다시 시동을 걸어보니, 엔진이 정상적으로 시동하여 회전됨을 확인하였다.

일반적으로 배터리 교환하고, 시동이 걸리지 않으면 스타터 모터 교환을 실시하게 된다. 하지만 이와 같이 스타터 회로도를 점검 확인 중 관련 부분에서 답을 찾을 수 있음을 전해주고 싶었다.

그림 4.5에서는 스타터 모터 M단자의 조임 위치를 보여주고 있다.

☑ 그림 4.5 스타터 모터 M단자 너트 조임 실시

트러블의 원인과 수정

 원인   스타터 모터 M단자 너트가 느슨하게 풀려있다.

 수정   스타터 모터 M단자의 조임을 실시하였다.

 참고사항

일반적으로 스타터 모터는 기본 원리가 전 세계적으로 공용화되어 사용되므로 국내 차량이나 수입 차량이나 비슷하다고 볼 수 있으나 일부 차종은 제외이다. 위의 케이스처럼 스타터 모터의 회로를 이해하고 점검 방법을 습득하여 신속한 수리를 하기를 희망한다.

166

Mercedes-Benz

05

에어컨 작동이 되지 않는다

🚗 **차량정보**

모델	GL 63 AMG
차종	166
차량 등록	2014년 11월
주행 거리	50,996km

고객불만

에어컨이 작동되지 않는다. 시원한 바람이 나오지 않는다.

☑ 그림 5.1 166 차량 전면

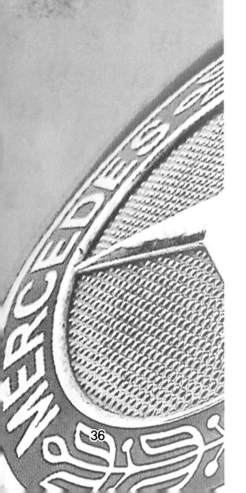

진단 순서

엔진을 시동하여 에어컨을 점검 시 휘-익 소음이 발생하였고, 시원한 바람이 나오지 않음을 확인하였다. 차량을 전자 점검하기 위하여 Xentry test를 실시하였다. N22/7 _ Air conditioning (AAC) 컨트롤 유닛 내부에 고장 코드는 그림 5.2와 같이 확인하지 않았다.

N22/7 - Air conditioning (AAC)			-√-
Model	**Part number**	**Supplier**	**Version**
Hardware	166 901 64 02	Continental	10/44 00
Software	166 902 03 03	Continental	12/38 00
Boot software	---	---	12/08 00
Diagnosis identifier	004512	Control unit variant	ECE_3_Zonen_Heck_18

☑ **그림 5.2** N22/7_Air coditioning (AAC) 내부 고장 코드 확인

에어컨 회로 내부에 냉매량을 확인해 보기 위해서 에어컨 냉매를 회수를 시도하였다. 그림 5.3에서와 같이 차량의 에어컨 회로 내부의 냉매 회수량은 0.69kg으로 확인되었다. 해당 차량은 리어 에어컨디셔너가 추가적으로 장착되어 있어서 총 냉매량은 그림 5.4에서에서 보여주듯이 1300g인데, 부족한 상태의 냉매량을 확인하였으므로 냉매의 외부 누출을 의심할 수 있었다. UV 형광 물질 액체를 에어컨 냉매와 함께 주입하고, 냉매가 누출되는 부위를 육안으로 직접 점검하였다.

☑ **그림 5.3** 에어컨 냉매 회수

🔆 Air conditioning/automatic air conditioning

Number	Designation			Model 166.063 with code 2U8 (Alternative refrigerant)	Model 166.8 with code 582 (Rear air conditioner) except code 2U8 (Alternative refrigerant)
BF83.00-P-1001-01F	Air conditioning/automatic air conditioning	Filling capacity for refrigerant	g	1050	1300
		Sheet R134a		-	BB00.40-P-0361-00A
		Sheet R1234yf		BB00.40-P-0361-01A	-

☑ **그림 5.4** 에어컨 냉매량

에어컨 컴프레서와 콘덴서를 확인하였으나 누출 여부는 확인되지 않아서, 냉매 파이프
라인을 점검하였다. 일반적으로 리어 에어컨 장착 차량은 리어 좌측 펜더 내부 파이프 이
음에서 냉매 추출이 주로 확인이 되었다.

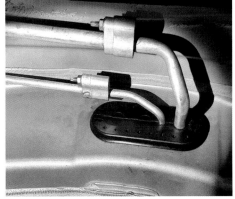

☑ **그림 5.5** 리어 좌측 펜더 내부 에어컨 파이프 연결 라인

리어 좌측 펜더 내부 에어컨 연결 파이프 이음에서는 UV 형광 물질 액체의 확인이 되
지 않았다. 리어 에어컨디셔너부터 파이프를 점검을 계속하던 중에 변속기 말단 프로펠러
샤프트 부근의 방열판 내부에 위치한 에어컨 연결 파이프 연결 이음 부근에서 UV 형광
물질의 누출을 확인할 수 있었다. 일반적으로 냉매 누출의 경우 손으로 만져보면 미끈거

림을 느낄 수 있고, 에어컨 냉매의 냄새를 후각으로도 확인할 수 있다.

그림 5.6에서는 리어 에어컨 파이프 연결 이음부에서 누출되는 UV 형광 물질 액체를
확인할 수 있었다.

☑ **그림 5.6 리어 에어컨 파이프 연결 라인 냉매 누출**

그림 5.7에서는 리어 에어컨 파이프 연결 이음부 부품을 보여주고 있으므로 누출에 관
련된 해당 실링과 냉매 파이프를 교환하면 된다.

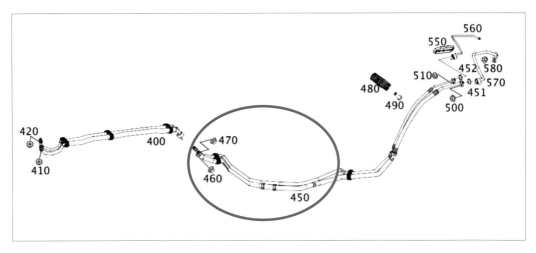

☑ 그림 5.7 리어 에어컨 파이프 연결 라인 부품

트러블의 원인과 수정

 원인　리어 에어컨 냉매 파이프 연결 이음에서 냉매가 누출되었다.

 수정　리어 에어컨 냉매 파이프 연결 실링과 냉매 파이프를 교환하였다.

 참고사항

- 일반적으로 에어컨 점검 시 앞쪽 부분만 점검하는 경우가 많은데, 리어 에어컨디셔너가 장착된 차량들은 앞에서부터 뒤에까지 연결되는 냉매 파이프라인이 추가적으로 장착되어 있으므로, 해당 증상과 부품을 참고하여 확인하면 신속한 정비가 가능할 것으로 판단된다.
- 주로 소형이나 중형 승용 차량까지는 앞부분의 에어컨디셔너가 실내의 에어컨디셔닝 기능을 처리할 수 있으나, 대형 승용 차량의 경우에는 추가적으로 리어 에어컨디셔너가 장착되어 있으므로 작업 시 시스템을 염두에 두도록 한다.
- 해당 차량은 냉매 파이프를 교환하기 위해서는 연료 탱크를 추가적으로 탈착해야 한다.

06

소프트 톱이 작동하지 않는다

 고객불만

소프트 톱이 작동되지 않는다.

☑ 그림 6.1 209 차량 전면

진단 순서

소프트 톱 스위치를 작동하였으나, 소프트 톱이 작동하지 않았다. 소프트 톱 유압 모터의 작동 소음도 들을 수 없었다. 초기 차량이 서비스 센터 입고 시에는 그림 6.2에서 보여주듯이 트렁크 전단 커버가 완전히 닫히지 못하고 들떠있는 상태로 들어왔다.

트렁크 리드 안닫힘

☑ 그림 6.2 209 차량 후면

차량을 전자 점검하기 위하여 Xentry test를 실시하였다. RVC_Rollover bar soft top control module(소프트 톱 컨트롤 모듈)에 B1923, B1955, B1405의 고장 코드를 확인할 수 있었다. 고장 코드에 따라서 가이드 테스트를 진행하였다.

RVC - Rollover bar soft top control module				- F - i
MB number	**HW version**	**SW version**	**Diagnosis version**	**Pin**
2098200026	17.2002	14.2003	0/1	1

Code	Text	Status
B1303	Component S84/10 (Soft top control button) crashed or has short circuit to ground.	STORED
B1923	Limit switch 'Catch position' of soft top compartment cover fails to switch.	Current and stored
B1955	The status of limit switch 'INTERLOCKED' for the soft top lock is implausible.	Current and stored
B1405	The number of blockages of the left seat belt extender is exceeded.	Current and stored
B1508	The right seat belt extender has detected an overload.	STORED
B1305	The switch and controls illumination of the rear power window switch has Short circuit to ground.	STORED
B1307	The output of the switch and controls illumination of component S84/10 (Soft top control button) has Short circuit to ground.	STORED

Event	Text	Status
B1010	Undervoltage : The voltage was less than 9 V during 1 s.	Event STORED

☑ 그림 6.3 롤오버바 소프트 톱 컨트롤 모듈 고장 코드

우선 Limit switch 'Catch position' of soft top compartment cover fails to switch 확인 시 추가 가이드 상태를 확인하였다. 제시된 증상이 소프트 톱 리드 부분이 완전히 닫히지 않는 증상으로, 해당 차량에 해당되는 증상이었다. 그림 6.4에서 보여주는 결과는 S84/19 (Soft top bow limit switch in catch position)이 접촉이 느슨한지 센서의 작동 상태를 확실히 점검하라는 결과를 보여주고 있다.

Symptom: The soft top compartment lid does not close fully.

Symptoms :
- The soft top compartment lid does not close fully.
- Stored fault codes for the limit switches are present.
- There is no fault code present for component S84/19 (Soft top bow limit switch in catch position).

Pictures and installation locations of relevant components :
- Picture 1: Soft top compartment cover raised
- Picture 2: Installation point S84/19 (Soft top bow limit switch in catch position) (Convertible top compartment cover open)
- Picture 3: S84/19 (Soft top bow limit switch in catch position)

Possible cause and remedy :
- Component S84/19 (Soft top bow limit switch in catch position) is loose.
- Fasten component S84/19 (Soft top bow limit switch in catch position).
- i The component still has some lateral play even after being fastened correctly.
- Carry out operational check.

End of test

☑ 그림 6.4 가이드 테스트 결과

그림 6.5는 S84/19 (Soft top bow limit switch in catch position)의 상태를 보여주고 있다. 트렁크 리드 내부에 위치하여 있으나, 육안 점검과 진단기상에서 점검을 실시하였으나 작동상태는 정상이었다.

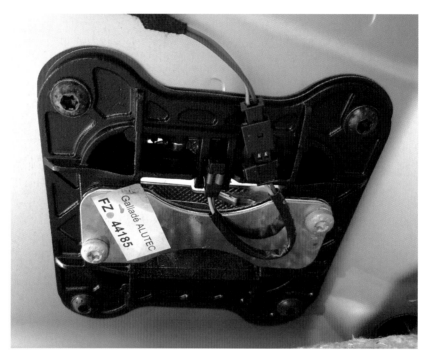

☑ **그림 6.5** S84/19, Soft top bow limit switch (소프트 톱 바우 리밋 스위치)

우선 소프트 톱이 움직이지 않아서 수동으로 작동을 실시하였다. 유압이 확실하다면 잘 움직이지 않는데, 다행히 어느 정도 묵직한 부하를 받으면서 움직이고 있었다.

일반적으로 컨트롤 유닛의 고장 코드는 일차적으로 유압 회로의 각 부품들이 이상이 없이 정상적으로 작동한다면, 해당 컨트롤 모듈의 입력된 프로그램 상태의 과정에서 전자적인 오류를 진단기를 통하여 표시해 주는 것이다.

유압 오일의 상태와 유압 모터의 상태를 점검하기 위하여 트렁크를 열고 점검하였다.

☑ 그림 6.6 유압 리저버에 오일이 비었음

☑ 그림 6.7 유압 리저버에 오일 보충

소프트 톱 유압 리저버는 트렁크 좌측에 위치해 있다. 리저버를 점검 시 오일이 거의 비워진 상태여서 소프트 톱 전용 유압 오일로 보충을 실시하고 작동을 실시하였다. 한번 소프트 톱을 완전히 열고난 뒤에 다시 닫으려고 하는데 다시 모터가 작동하다가 멈추는 것이었다.

혹시나 해서 점검해 보니 소프트 톱 좌측 작동 유압 실린더에서 오일 누유가 발생되고 있었다.

☑ 그림 6.8 소프트 톱 작동 유압 실린더 오일 누유

해당 차량은 증상에 따라서 그림 6.9의 120번 유압 실린더 교환을 제시하였으나, 일반적으로 소프트 톱이 무거워서 소프트 톱 작동 시 나머지 3개 유압 실린더의 오일 누유 발생이 예상되었고, 그에 따라 모든 소프트 톱 유압 작동 실린더의 교환 작업을 요청하였으나 승인되지 않았다.

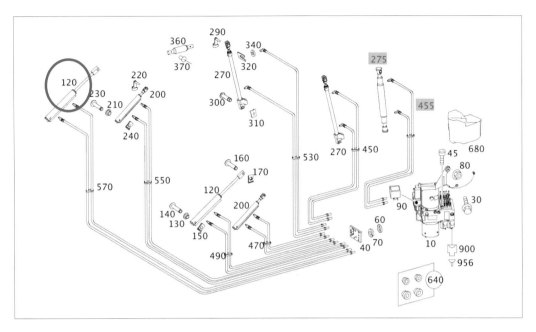

☑ 그림 6.9 소프트 톱 작동 유압 실린더 부품

트러블의 원인과 수정

 **원인**   소프트 톱 작동 유압 실린더의 오일 누유가 발생하였다.

수정   소프트 톱 작동 유압 실린더의 교환을 요청하였다.

참고사항

일반적으로 국내는 세단이 많고, 상대적으로 카브리올레, 소프트 톱 차량이 수요가 적어서 해당 차
량처럼 카브리올레, 소프트 톱의 작동 상태를 점검하고 진단하는 데 어려움을 겪는 경우가 많다. 이
처럼 카브리올레, 소프트 톱의 구조적 작동 상태를 직접 확인하고 작동 상태의 이상 유무를 확인하
는 것이 매우 중요하다.

Mercedes-Benz 222

🚗 차량정보

모델	S 350d
차종	222
차량 등록	2016년 03월
주행 거리	93,525km

07

엔진 경고등이 점등하였다

고객불만

엔진 경고등이 점등하였다.

☑ 그림 7.1 222 차량 전면

진단 순서

엔진 경고등으로 2회 입고하였으나, 특이 사항을 발견하지 못하고 증상이 다시 발생되었다.
해당 차량은 Euro 6 기준에 해당되는 AdBlue system이 장착된 차량으로 몇 가지 점검
이 필요하였다. 우선은 차량을 전자 점검하기 위하여 Xentry test를 실시하였다. 그림 7.2
에서는 SCR 컨트롤 유닛 내부의 현재 고장 코드를 보여주고 있다.

N118/5 - Selective catalytic reduction (SCR 02) -F-

Model	Part number	Supplier		Version
Hardware	000 901 20 03	Bosch		13/16 000
Software	000 902 37 52	Bosch		18/31 000
Software	000 903 69 41	Bosch		19/13 000
Boot software	000 904 01 01	Bosch		12/13 000

Diagnosis identifier	00192B	Control unit variant	SCRCM3__17B4

Fault	Text		Status
P13DF00	The AdBlue® system has a malfunction. _		A+S

Name	First occurrence	Last occurrence
Development data (Data Record 1)	******** Data Record 1 ********	---
Development data (Data_Record_2)	******** Data Record 2 ********	---
Development data (Data_Record_3)	---	******** Data Record 3 ********
Voltage supply of control unit	12.60101V	12.20098V
Development data (EnvBlk_CoSCR_stSub)	255.00-	255.00-
Development data (EnvBlk_CoSCR_st)	5.00-	5.00-
Development data (ENVBLK_SYC_STMN)	2.00-	2.00-
Status of AdBlue® fill level	4.00-	4.00-
Remaining AdBlue® quantity	25.49L	24.90L
Cause for abort of function 'Exhaust aftertreatment' A	0.00	0.00
Cause for abort of function 'Exhaust aftertreatment' B	0.00	0.00
Cause for abort of function 'Exhaust aftertreatment' C	0.00	0.00
Cause for abort of function 'Exhaust aftertreatment' D	0.00	0.00
Cause for abort of function 'Exhaust aftertreatment' E	0.00	0.00
Cause for abort of function 'Exhaust aftertreatment' F	0.00	0.00
Cause for abort of function 'Exhaust aftertreatment' WWH1	0.00	0.00
Cause for abort of function 'Exhaust aftertreatment' WWH2	0.00	0.00
Cause for abort of function 'Exhaust aftertreatment' WWH3	0.00	0.00
Development data (OccurenceFlag)	0.00	---
Frequency counter	---	15
Main odometer reading	93271km	93511km
Number of ignition cycles since the last occurrence of the fault	---	0

Fault	Text		Status
P20E900	The pressure in the AdBlue® system is too high. _		S ✿

Name	First occurrence	Last occurrence
Development data (Data Record 1)	******** Data Record 1 ********	---
Development data (Data_Record_2)	******** Data Record 2 ********	---
Development data (Data_Record_3)	---	******** Data Record 3 ********
Voltage supply of control unit	12.70102V	12.80103V
Development data (EnvBlk_CoSCR_stSub)	255.00-	255.00-
Development data (EnvBlk_CoSCR_st)	5.00-	5.00-
Current AdBlue® metering quantity	0.00mg/s	0.00mg/s
Requested AdBlue® metering amount	0.00mg/s	0.00mg/s
CAN signal 'Engine speed'	0.00 1/min	0.00 1/min
Status of AdBlue® fill level	0.00-	0.00-
CAN signal 'Ambient temperature'	35.7°C	42.1°C
Pressure in AdBlue® supply circuit	7.0bar	7.0bar
Temperature in AdBlue® tank	25.0°C	29.0°C
Fill level of AdBlue® tank (relative value)	100.0%	100.0%
On/off ratio of component 'AdBlue® metering valve'	0%	0%
Status of component 'R7/1 (AdBlue® pressure line heating element)'	OFF	OFF
Status of component 'A103/1r1 (AdBlue® tank heating element)'	OFF	OFF
Development data (OccurenceFlag)	0.00	---
Frequency counter	---	22
Main odometer reading	93255km	93511km
Number of ignition cycles since the last occurrence of the fault	---	0

☑ 그림 7.2 SCR 컨트롤 유닛 내부 고장 코드

해당 고장 코드에 의거하여 가이드 테스트를 실시하였다. 그림 7.3에서는 고장 코드에 따른 가이드 테스트 항목을 보여주고 있다. Mercedes-Benz 공식 서비스 센터는 이와 같이 해당 고장 코드 점검 시 그림 7.3에서 보여주듯이 결함 가능한 사항을 점검하는 것을 권장한다.

Possible causes of fault
- Fuel quality
- The AdBlue® quality is deficient.
- The metered quantity from the AdBlue® metering device is faulty.
- The pressure in the AdBlue® system is too low.
- The pressure in the AdBlue® system is too high.
- The AdBlue® feed lines are leaking.
- Component 'AdBlue® metering valve' is not leaktight.
- Component 'AdBlue® metering valve' is dirty.
- The signal from component 'NOx sensor upstream of SCR catalytic converter' is faulty.
- The signal from component 'NOx sensor downstream of SCR catalytic converter' is faulty.
- Leakage in the exhaust system
- Exhaust gas recirculation has a malfunction.

☑ 그림 7.3 가이드 테스트 항목

요소수 레벨은 Max(최고점)을 유지하고 있었으며, 요소수 상태는 정상이었다. 요소수 탱크의 외부 누유는 없었으며, 요소수 공급라인을 육안 점검하였으나 누유는 확인되지 않았다.

해당 고장 코드의 가이드 테스트를 진행하다 보니 그림 7.4에서 보여주듯이 SCR 컨트롤 유닛 요소수 딜리버리 펌프의 정상 작동 압력이 약 6.8bar (규정 : 5.5 ~ 8.0 bar)임을 Xentry 진단기에서 보여주고 있다.

물론 이처럼 공급 압력이 유지된다는 것은 외부적인 누유가 없다는 것을 간접적으로 판단할 수 있다. 실제로 요소수 공급 라인의 연결 커넥션이나 호스의 누유가 발생하면 정상적인 압력 발생이 가능하지 않기 때문이다.

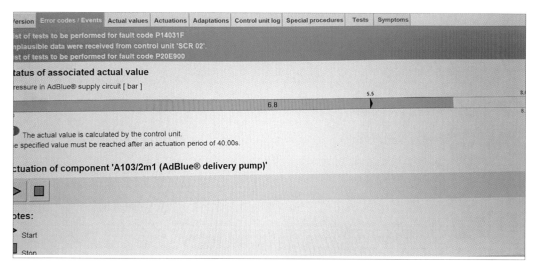

☑ 그림 7.4 요소수 펌프 정상 작동 압력

하지만 요소수 딜리버리 펌프의 작동 압력이 간헐적으로 그림 7.5에서 보여주듯이 정상 작동 압력을 초과하여 약 17.6 bar (규정 : 5.5 ~ 8.0 bar)를 보여주기도 하였다.

☑ 그림 7.5 요소수 펌프 정상 작동 압력 초과

우선 요소수 미터링 밸브의 작동 상태를 점검하기 위하여 배기관으로부터 요소수 미터링 밸브를 분리하여 육안 점검을 실시하였다. 그림 7.6에서 보이듯이 오염이 확인되었다.

☑ 그림 7.6 요소수 미터링 밸브 오염

오염된 요소수 미터링 밸브를 청소하고 작동 상태를 점검하였다. 요소수 미터링 밸브의 작동상태와 요소수 분사 상태를 점검 시 정상으로 확인되었다.

그림 7.7에서도 Xentry 진단기로 요소수 공급 라인의 누유 점검을 실시하는 도중에도 공급 압력은 약 15bar (규정 8.0bar 이하)를 표시하고 있었다.

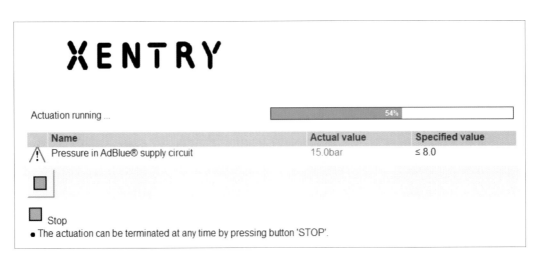

☑ 그림 7.7 요소수 공급 압력 초과

그림 7.8에서는 추출 밸브의 압력을 보여주고 있다. 규정 압력이 6.5bar 이하로 내려가야 하지만 13.8bar를 보여주고 있으므로 요소수 공급 모듈의 작동 불량을 확신할 수 있다.

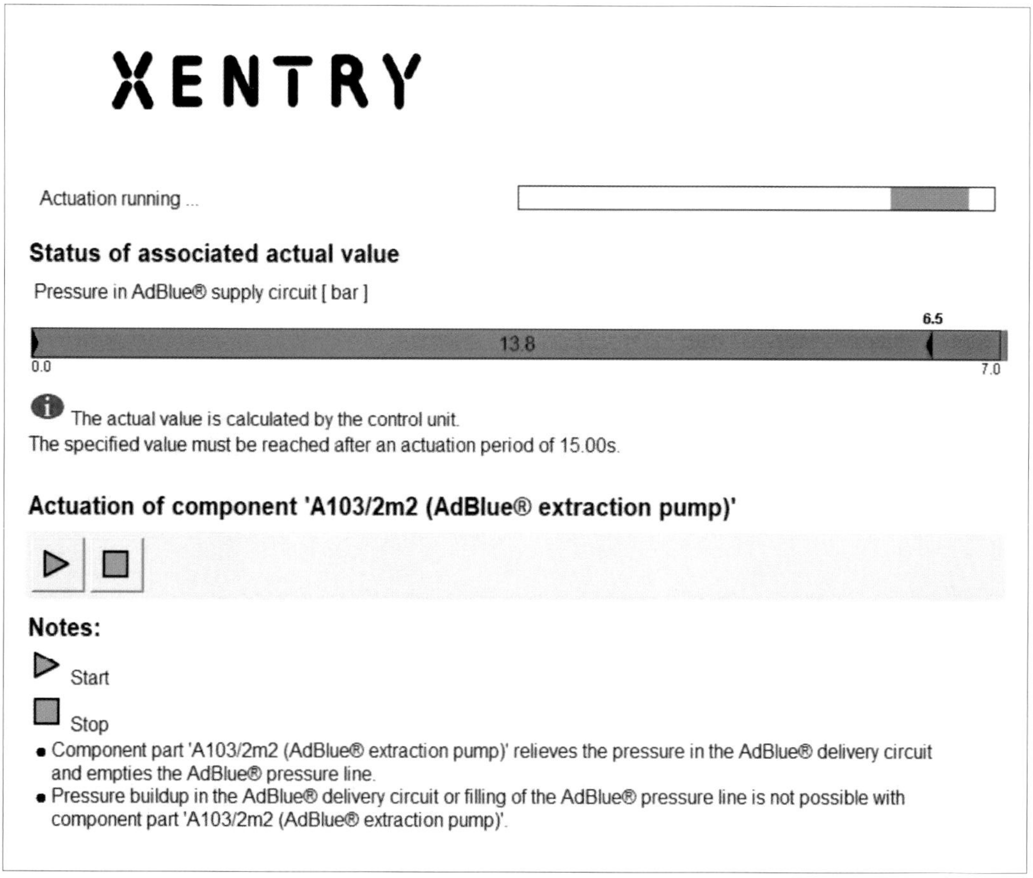

☑ 그림 7.8 요소수 추출 펌프 작동 불량

　그림 7.9에서는 EPC에서 요소수 딜리버리 펌프의 위치를 보여주고 있다. 그리고 부품의
실제 모습은 그림 7.10에서 보여주고 있다.

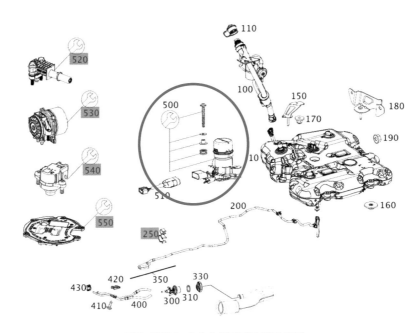

☑ **그림 7.9** 요소수 딜리버리 펌프 위치

☑ **그림 7.10** 요소수 딜리버리 펌프 부품

그림 7.11에서는 실제 요소수 탱크 하단의 요소수 딜리버리 펌프의 위치를 보여주고 있다.

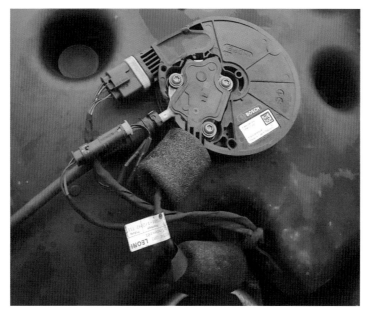

☑ **그림 7.11 요소수 탱크 하단의 딜리버리 펌프 위치**

그림 7.12에서는 요소수 딜리버리 펌프 교환 후의 실제 값을 보여주고 있다. 주행 중의 요소수 공급 압력은 약 6.3bar (4.8~8.0)로 정상 상태임을 확인할 수 있다.

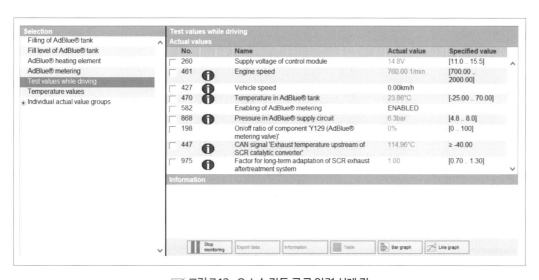

☑ **그림 7.12 요소수 작동 공급 압력 실제 값**

트러블의 원인과 수정

 원인 요소수 딜리버리 펌프의 작동에 기능 이상이 발생하였다.

 수정 요소수 딜리버리 펌프를 교환하였다.

 참고사항

요소수 시스템은 엔진이나 배출가스 시스템의 이상이 없음을 확인하고 마지막에 점검하는 항목으로서, 배출가스 내의 NOx 배출을 줄여주는 장치이다. 기후 온난화의 주요 원인인 자동차 배출 가스를 줄이기 위하여 추가적으로 설치되어 있으며, 관련 제어는 엔진 컨트롤 유닛에서 한다.

Mercedes-Benz | 176

차량정보

모델	· A 250
차종	· 176
차량 등록	· 2013년 11월
주행 거리	· 115,105km

08

앞 우측 에어백 경고등이 점등한다

 고객불만

앞 우측 에어백 경고등이 점등하였다.

☑ 그림 8.1 176 차량 전면

진단 순서

앞 우측 에어백 경고등이 점등됨을 확인하였다. 차량을 전자 점검하기 위하여 Xentry test를 실시하였다. 그림 8.2에서 보여주듯이 N2/10, SRS 컨트롤 유닛의 B275011의 결함 코드를 확인할 수 있다. 운전석 사이드백의 회로에 단락이 존재한다는 내용이다.

```
N2/10 - Supplemental restraint system (SRS)                                            -f-
Model                        Part number          Supplier              Version
Hardware                     117 901 17 00        Bosch                 11/19 00
Software                     117 902 18 00        Bosch                 12/35 00
Software                     176 903 12 00        Bosch                 12/32 00
Software                     176 903 10 00        Bosch                 12/19 00
Boot software                ---                  ---                   11/44 00

Diagnosis identifier         004009           Control unit variant      C117_Sample_0x004009
```

Fault	Text			Status
B275011	The squib for the sidebag 'Driver' has a malfunction. There is a short circuit to ground.			S ☀
	Name	First occurrence	Last occurrence	
	Frequency counter	---	255	
	Main odometer reading	114096km	115104km	
	Number of ignition cycles since the last occurrence of the fault	---	3	

S=STORED

☑ 그림 8.2 SRS 내부 고장 코드

운전석 사이드백 회로의 내용을 확인하기 위하여 가이드 테스트를 진행하였다.

그림 8.3에서는 고장 코드 관련하여 가이드 테스트의 과정을 보여주고 있다. 일반적으로 배선이나 커넥터의 접촉 상태가 불량하거나 손상된 경우 수리를 실시하라는 결과이다.

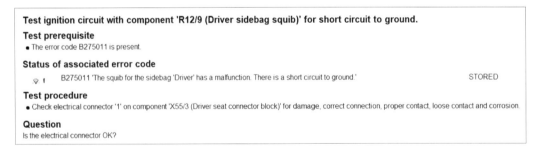

Test ignition circuit with component 'R12/9 (Driver sidebag squib)' for short circuit to ground.

Test prerequisite
• The error code B275011 is present.

Status of associated error code
   ♡ f   B275011 'The squib for the sidebag 'Driver' has a malfunction. There is a short circuit to ground.'   STORED

Test procedure
• Check electrical connector '1' on component 'X55/3 (Driver seat connector block)' for damage, correct connection, proper contact, loose contact and corrosion.

Question
Is the electrical connector OK?

☑ 그림 8.3 고장 코드 관련 가이드 테스트 과정

그림 8.4는 가이드 테스트 시 커넥터의 손상이 발견되면 배선 수리를 실시하라는 결과이다.

The electrical connector is not OK.

Possible cause and remedy
● Repair electrical connector '1' on component 'X55/3 (Driver seat connector block)'.

Note
● Observe safety precautions for work on the supplemental restraint system (SRS).

End of test

✅ **그림 8.4 고장 코드 관련 가이드 테스트 결과**

X55/3 커넥터는 운전석 시트 하단에 위치하고 있다. X55/3 커넥터는 플로어 매트나 바닥의 쓰레기 그리고 방향제 등에 의해서 손상을 입기도 하므로 참고하여 확인하도록 한다. 일차적으로 육안 점검 시 해당 차량은 연식이 있어서 먼지로 뒤덮여 오염되어 있었으나, 커넥터 내부 상태는 정상이었다.

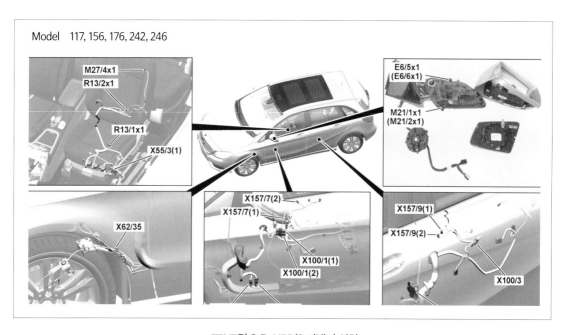

✅ **그림 8.5 X55/3 커넥터 위치**

시트 내부의 전기 배선 상태를 점검하기 위하여 그림 8.6에서 보여주듯이 시트 백레스트 커버를 탈착하였다.

☑ 그림 8.6 시트 백레스트 커버 탈착 후

배선 손상 확인

☑ 그림 8.7 사이드백 배선 손상 확인

시트 백레스트 커버를 탈착 후 배선의 연결 상태와 접촉 상태를 점검하였다. 그림 8.7에
서 보여주듯이 0.5 RD/BK (빨강/검정)와 0.5 YE/BK (노랑/검정) 배선이 시트 프레임에
간섭이 되어 단락이 된 것을 육안으로 확인할 수 있었다.

그림 8.8에서는 WIS 상에서의 N2/10 SRS 컨트롤 유닛과 R12/9 운전석 사이드백 회로의 연결 상태를 보여주고 있다.

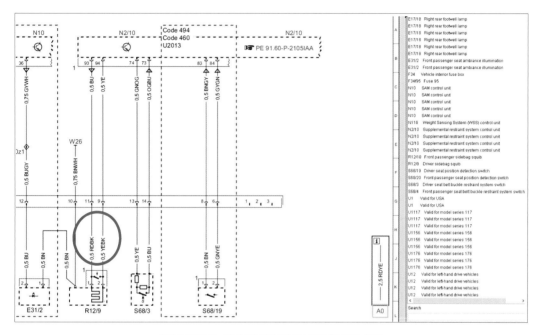

☑ **그림 8.8 SRS 컨트롤 유닛과 R12/9 연결 회로**

그림 8.9에서는 손상된 R12/9 연결 회로 배선 수리 후 정상적인 회로의 저항 상태를 보여주고 있다.

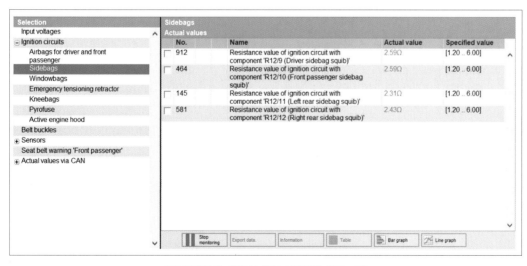

☑ **그림 8.9 운전석 사이드백 정상 회로 저항**

트러블의 원인과 수정

 원인   운전석 사이드백 연결 회로 배선이 시트 프레임에 간섭되어 단락이 발생하였다.

 수정   운전석 사이드백 연결 회로 배선을 수리하였다.

- 해당 차량은 AMG Sports Package 옵션이 장착된 차량이다.
- 물론 차종마다 옵션이 다양하고 와이어링 배선의 위치와 상태가 다양하므로 배선을 점검 시 손상 확인은 항상 육안으로 점검하고 시트를 앞, 뒤로 움직여서 배선이 간섭이 되는지 확인해야 한다. 필요 시 배선 위치를 변경하여 간섭이 되지 않도록 미리 예방 정비를 해야 한다.
- 간혹 운전자의 운전 습관이나 체형이 차량에 영향을 끼치기도 하므로 참고하도록 한다.

 차량정보

모델	• A 200
차종	• 177
차량 등록	• 2020년 12월
주행 거리	• 12,874km

09

연료 주유구 플랩이 열리지 않는다

 고객불만

연료 주유구 플랩이 열리지 않는다.

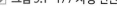 그림 9.1   177 차량 전면

진단 순서

 연료 주유구 플랩이 열리지 않음을 확인하였다. 육안 점검 시 외부 충격으로 인한 손상은 확인되지 않았다.

 기존 차량에서는 연료 주유구 플랩 모터의 비상 케이블이 설치되어 있다. 그래서 트렁크를 열고 연료 주유구 방향의 적재함 트림 커버를 탈거하고 비상 릴리스 케이블을 천천히 당기면 비상으로 연료 주유구 플랩이 열리게 되었다.

 해당 차량은 연료 주유구 플랩 모터의 잠금모터 반대 방향에 내부에 숨겨진 비상 스위치가 장착되어 있다. 그림 9.2에서는 팬더 내부의 연료 주유구 플랩 모터의 위치를 보여주고 있다.

☑ 그림 9.2 연료 주유구 플랩 모터 장착 위치

그림 9.3은 연료 주유구 플랩 모터 단품의 사진을 보여주고 있다.

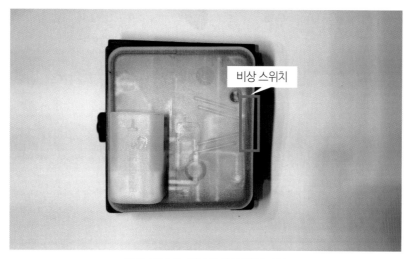

비상 스위치

☑ **그림 9.3 연료 주유구 플랩 모터**

☑ **그림 9.4 연료 주유구 플랩 모터 비상 스위치**

그림 9.4는 연료 주유구 플랩 모터의 측면을 보여주고 있는데, 연료 주입구 플랩 모터 모듈 측면의 중간 부분이 고무 재질로 되어 있어서 옆 측면을 손가락으로 누르게 되면 비상으로 연료 주유구 플랩 모터의 잠김을 해제할 수 있다.

☑ 그림 9.5 연료 주유구 플랩 모터 탈거 후

트러블의 원인과 수정

 원인   연료 주유구 플랩 모터의 작동이 불량하다.

 수정   연료 주유구 플랩 모터를 교환하였다.

참고사항

- 기존 차량에서는 연료 주유구 플랩 모터가 미작동 시, 트렁크 내부 적재함 트림 커버를 분리하고, 비상 릴리스 레버 또는 케이블을 당기면 풀리는 방식이었다. 하지만 해당 차량은 연료 주유구 플랩 모터 모듈 내부에 비상 릴리스 스위치가 내장되어 있으므로, 플랩 모터 측면의 고무 재질 부위를 손가락으로 누르면 연료 주유구 플랩을 비상으로 잠김을 해제할 수 있다.

- 해당 내용은 간혹 정비하시는 분들이나, 차량 주인의 경우 비상 잠김 해제 방법의 미숙지로 인하여 외력으로 연료 주유구 플랩을 손상하거나 모터를 손상시키는 일이 발생하는 것을 방지하기 위함이다.

- 해당 부품은 177, 247, 118 차량에 장착되어 있다.

10

앰비언트 라이트가 작동하지 않는다

모델	GLA 45 S AMG
차종	247
차량 등록	2021년 02월
주행 거리	14,443km

 고객불만

센터 콘솔의 앰비언트 라이트 (실내 무드등 등화)가 작동하지 않는다.

☑ 그림 10.1 247 차량 전면

진단 순서

센터 콘솔의 앰비언트 라이트 (실내 무드등 등화)가 작동되지 않음을 확인하였다. 차량을 전자 점검하기 위하여 Xentry test를 실시하였다. 그림 10.2에서 보이듯이 N162 – Ambiance light (AML) – U110688 : LIN bus 6 has a malfunction. Bus OFF – Current and stored. 앰비언트 라이트 컨트롤 유닛 내부의 LIN bus 6에 기능 이상이 있음을 확인할 수 있다.

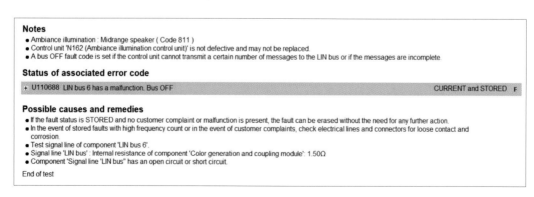

N162 - Ambiance light (AML)			-F-
Model	Part number	Supplier	Version
Hardware	167 901 24 04	Delphi	20/17 000
Software	177 902 81 13	Delphi	20/17 000
Boot software	---	---	15/28 000

Diagnosis identifier	000408		Control unit variant	ALC213_ALC213_000408

Fault	Text			Status
U110688	LIN bus 6 has a malfunction. Bus OFF			A+S
	Name		First occurrence	Last occurrence
	Number of ignition cycles since the last occurrence of the fault		---	0.00
	Frequency counter		---	126.00
	Main odometer reading		13648.00km	14432.00km

A+S=CURRENT and STORED

☑ **그림 10.2** 앰비언트 라이트 컨트롤 유닛 내부 고장 코드

해당 고장 코드에 의거하여 가이드 테스트를 실시하였다. 그림 10.3에서 보이듯이 앰비언트 라이트의 전체적인 점검을 확인하라는 내용을 확인할 수 있었다. 일차적으로 LIN bus의 신호가 정확하게 전달이 되고 있는지 그리고 전기 배선 및 커넥터 상태를 확인하기 위하여 WIS를 이용하여 신호 회로를 점검하였다.

Notes
- Ambiance illumination : Midrange speaker (Code 811)
- Control unit 'N162 (Ambiance illumination control unit)' is not defective and may not be replaced.
- A bus OFF fault code is set if the control unit cannot transmit a certain number of messages to the LIN bus or if the messages are incomplete.

Status of associated error code

+ U110688 LIN bus 6 has a malfunction. Bus OFF   CURRENT and STORED   F

Possible causes and remedies
- If the fault status is STORED and no customer complaint or malfunction is present, the fault can be erased without the need for any further action.
- In the event of stored faults with high frequency count or in the event of customer complaints, check electrical lines and connectors for loose contact and corrosion.
- Test signal line of component 'LIN bus 6'.
- Signal line 'LIN bus' : Internal resistance of component 'Color generation and coupling module': 1.50Ω
- Component 'Signal line 'LIN bus'' has an open circuit or short circuit.

End of test

☑ **그림 10.3** 가이드 테스트 결과

그림 10.4에서는 센터 콘솔의 앰비언트 라이트 등화 회로도를 보여주고 있다. N162는 앰비언트 라이트 컨트롤 유닛이고, E20/18은 센터 콘솔 컵홀더 앰비언트 라이트 등화이다. E43/46은 앰비언트 라이트 센터 콘솔 좌측 등화, E43/47은 앰비언트 라이트 센터 콘솔 우측 등화를 나타내고 있으며, X138/1xAMB 센터 콘솔 앰비언트 라이트 커넥터의 2번 핀을 통하여 신호가 전달되고 있음을 확인할 수 있다.

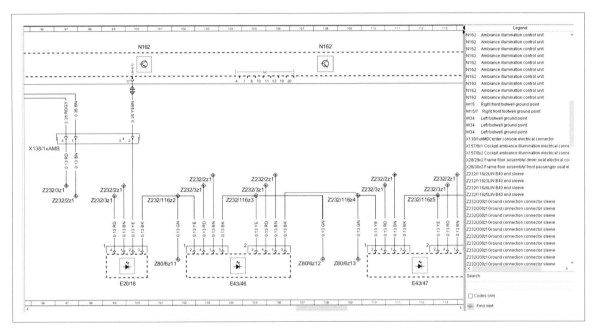

☑ 그림 10.4 센터 콘솔 앰비언트 라이트 등화 회로도

그림 10.5에서는 X138/1xAMB 센터 콘솔 앰비언트 라이트 커넥터의 위치를 보여주고 있다.

GF00.19-P-1005-11IDA	Location of electrical connectors - Center console		

Model   247

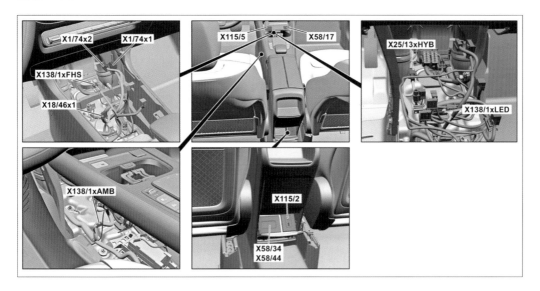

☑ **그림 10.5 X138/1xAMB 센터 콘솔 앰비언트 라이트 커넥터 위치**

　해당 커넥터를 찾아서 회로를 점검하기 위하여 센터 콘솔을 탈거하였다. 센터 콘솔을 탈거하고 커넥터를 분리 후 점검하려는데 그림 10.6에서 보이듯이 커넥터 내부의 부식이 발생되어 있음을 확인할 수 있었다.

☑ **그림 10.6 X138/1xAMB 커넥터 내부 부식 확인**

그림 10.7은 X138/1xAMB의 장착 위치를 보여주는데, 센터 콘솔 컵홀더 하단에 위치하고 있다. 그림 10.7에서 보이듯이 외부 액체가 흘러내린 것으로 보이므로 커피나 음료수가 흘러서 침투된 것으로 판단된다. 주변에 키리스고(Keyless go) 안테나도 설치되어 있는데 다행히 부식은 없었다.

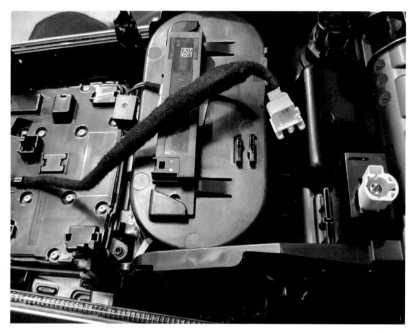

☑ **그림 10.7** X138/1xAMB 센터 콘솔 앰비언트 라이트 커넥터 장착 위치

부식이 확인된 X138/1xAMB 센터 콘솔 앰비언트 라이트 커넥터의 부식을 완전히 제거하고 방청 작업을 실시 후 그림 10.8에서 보이듯이 센터 콘솔 앰비언트 라이트 등화는 정상 작동됨을 확인할 수 있었다.

☑ 그림 10.8 커넥터 청소 및 방청 작업 후 상태

트러블의 원인과 수정

원인 커피 또는 음료수가 앰비언트 라이트 센터 콘솔 연결 커넥터에 침투하여 부식되었다.

수정 앰비언트 라이트 센터 콘솔 연결 커넥터를 청소하고 방청 작업을 실시하였다.

참고사항

- 앰비언트 라이트는 기존의 전구 방식에서 꾸준히 진보하였다. 현재 안정감 있는 실내 무드 등화로 진화하여 운전자의 기분 상태에 맞추어 색깔까지 자유롭게 조절할 수 있다.

- LIN bus 통신을 사용하고, 발광다이오드를 사용하므로 대체적으로 전기 회로의 배선이 얇게 경량화되고 있다. 작업 시 전기 배선의 손상이 되지 않도록 항상 주의하여 작업하도록 해야 한다. 고객에게는 커피나 음료수를 흘리는 경우 해당 증상이 발생될 수 있으므로 주의를 당부하는 것도 정비사로서의 바람직한 행동이다.

Mercedes-Benz 212

차량정보

모델	· E 250 CDI
차종	· 212
차량 등록	· 2012년 10월
주행 거리	· 74,212km

11
차량의 시동이 걸리지 않는다

 고객불만

Key on은 되나 차량의 엔진이 시동이 걸리지 않는다.

☑ 그림 11.1 212 차량 전면

진단 순서

차량의 엔진을 시동하기 위하여 점화스위치를 회전하면, 점화스위치 ON은 되나 ST 위치에서 크랭킹이 불가함를 확인하였다. 차량을 전자 점검하기 위하여 Xentry test를 실시하였다. 다수의 컨트롤 모듈에서 CAN 통신 관련하여, 통신 이상 고장 코드가 다수 확인되었고 변속기 컨트롤 모듈과 통신이 되지 않음을 확인하였다.

엔진을 회전 상태를 확인하기 위하여 크랭크샤프트를 회전하였으나 정상적으로 회전하였다. 스타터 모터의 회전 상태를 점검하기 위하여 단품으로 탈착하고 육안점검을 실시 하려고 하였으나, 시간 관계상 작동상태 점검으로 대체하였다. 우선적으로 N10/1, Front-SAM (프런트 샘)을 점검하였다. 스타터 모터 릴레이 (N10/1KM)는 작동되지 않음을 확인하였다.

☑ 그림 11.2 N10/1, Front-SAM (프런트 샘) 위치

Front-SAM의 회로를 점검하기 위하여, 와이퍼를 탈착하고 Front-SAM을 탈착하여 회로를 점검하였다.

✓ 그림 11.3 N10/1, Front-SAM (프런트 샘) 측면

Front-SAM과 스타터 모터의 ST 신호 라인을 점검하였다. Front-SAM은 N10/1이고, 3M 커넥터의 4번 핀에서 2.5의 굵기인 VTWH 보라색 배선에 흰색 줄이 색인된 회로가 연결되어 있다. (N10/1-Con_3M-Pin_4, 2.5VTWH))

그림 11.4에서는 N10/1, Front-SAM (프런트 샘) 하단의 커넥터 위치를 보여주고 있다.

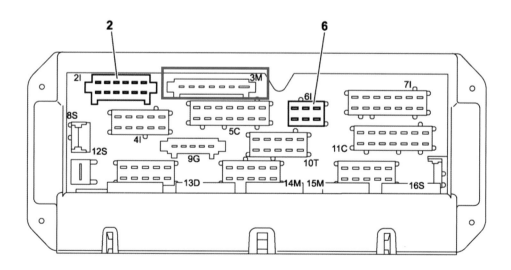

✓ 그림 11.4 N10/1, Front-SAM (프런트 샘) 하단 커넥터 위치

그림 11.5에서는 N10/1, 프런트 샘과 M1, 스타터 모터의 연결 회로를 보여주고 있다.

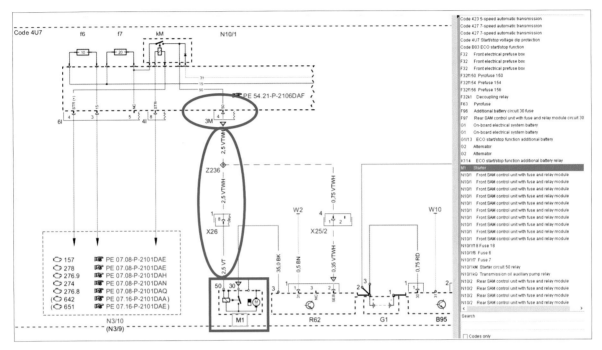

☑ **그림 11.5** Front-SAM (N10/1) 시동 회로

시동 회로(회로50)는 KM 스타터 릴레이를 작동으로 N10/1의 3M 커넥터에서 엔진 연결 커넥터 (X26)를 거쳐서 2.5VT 회로를 통하여 스타터 모터 (M1)로 구성되어 있다.

Front-SAM (N10/1)의 3M 커넥터를 분리하고 4번 핀에 12V를 인가 시 엔진이 정상적으로 회전됨을 확인하였다. 엔진의 정상 작동을 확인하고 Xentry 점검 시 변속기 컨트롤 유닛과의 통신이 불량함을 현재형으로 확인하였다. 그 외 컨트롤 유닛과의 통신 상태는 이상이 없었다.

변속기 컨트롤 유닛의 공급 전원을 확인 시 12V로 확인되었고, 접지상태는 정상이었으며, CAN 회로는 CAN-H : 2.7V, CAN-L : 2.3V로 정상으로 확인되었다.

☑ 그림 11.6 변속기 밸브 보디 고품과 신품

트러블의 원인과 수정

원인   변속기 컨트롤 유닛의 내부 오류가 발생하였다.

수정   변속기 밸브 보디를 교환하였다.

참고사항

- 해당 차량은 변속기 컨트롤 유닛의 내부 오류가 발생되었고, CAN 통신의 불량으로 인하여 시동 불능으로 확인되었다.

- 변속기 컨트롤 유닛 기판을 교환하기 위해서는 해당 차량의 데이터를 옮겨야 하지만, 진단기가 컨트롤 유닛과의 통신 불가로 인하여 데이터 이동이 불가하여 변속기 밸브 보디 어셈블리를 교환하였다.

- 변속기 밸브 보디 교환 후 변속기 어뎁테이션을 실시하고 이상 없음을 확인한 후 출고하였다.

12
주행 중 비상모드가 발생한다

 고객불만

주행 중 limp home mode(림프 홈 비상 모드) 증상이
일주일에 한 번 정도 발생을 한다.

☑ 그림 12.1 204 차량 전면

진단 순서

고객의 불만 증상을 확인하기 위하여 차량을 시험 운행 실시하였으나 특이 사항을 발견하지 못했다. 차량을 전자 점검하기 위하여 Xentry test를 실시하였다. 특이 사항은 없었다. 일반적으로 경고등이 점등되면 저장이 되는데, 간혹 동일 증상이 발생되지 않는 경우 자체적으로 진단하여 경고등을 내부 삭제하기도 한다.

N10/1, Front-SAM(프런트 샘)을 육안으로 점검 시 비정품 퓨즈가 장착되어 있음을 확인하였다. 해당 퓨즈는 Front-SAM, N10/1-F24-15A를 확인하였다. 그림 12.2에서는 해당 퓨즈의 위치를 확인할 수 있다.

☑ **그림 12.2** Front-SAM (N10/1) 비정품 퓨즈 확인

그림 12.3에서는 Front-SAM (N10/1)의 퓨즈와 릴레이 위치를 보여준다.

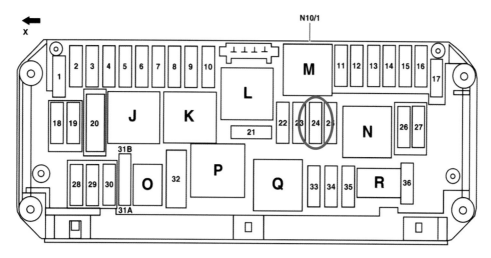

☑ **그림 12.3** Front-SAM (N10/1) 퓨즈와 릴레이 위치 확인

그림 12.4에서는 Front-SAM (N10/1)의 f24번 퓨즈의 연결된 회로를 보여주고 있다.

해당 f24번 15A 퓨즈는 X26 (Interior and engine wiring harness electrical connector) 실내와 엔진 와이어링 하네스 전기 커넥터로 연결된 87M 회로이다.

		2.5 RDVT	● Interior and engine wiring harness electrical connector (X26)	
f23	87M	2.5 RDBU	● Interior and engine wiring harness electrical connector (X26)	20
		1.5 BKRD	**Valid for diesel engine:** ● Rear SAM control unit with fuse and relay module (N10/2)	
		2.5 RDBU	● Interior and engine wiring harness electrical connector (X26)	
f24	87M	2.5 RDBK 0.75 BKRD	● Interior and engine wiring harness electrical connector (X26) **Valid with engine 642:** ● Radiator shutters actuator (Y84)	15
		2.5 RDGY	**Valid for engine 646:** ● CDI control unit (N3/9)	
f25	87M	1.5 RDBU	**Valid for engine 156, 271, 272, 274, 276:** ● ME-SFI [ME] control unit (N3/10)	15
		1.0 RDBU	**Valid with engine 651:** ● Oxygen sensor upstream of catalytic converter (G3/2)	
		1.0 RDBU	**Valid as of 1.6.10 for model 204.3 with engine 651 and code (P84) Sport Edition:** ● Exhaust system sound generator control unit (N12)	

☑ **그림 12.4** Front-SAM (N10/1) f24 퓨즈 확인

그림 12.5에서는 X26 (Interior and engine wiring harness electrical connector) 실내와 엔진 와이어링 하네스 전기 커넥터의 위치를 보여주고 있다.

X26 커넥터는 OM651 엔진 컨트롤 유닛 전단에 위치하고 있으며, 에어 클리너 커버 상단에 위치하고 있음을 볼 수 있다.

☑ **그림 12.5** X26 (Interior and engine wiring harness electrical connector) 위치

그림 12.6에서는 Front-SAM (N10/1) f24_15A의 전기 회로도를 보여주고 있다.

Front-SAM, N10/1_f24 퓨즈는 CDI 컨트롤 유닛과 연결되어 있고, X26으로 연결되어 있으므로 해당 퓨즈의 이상이 발생되면 차량은 Limp home mode (비상 모드)로 진입하게 되는 것이다.

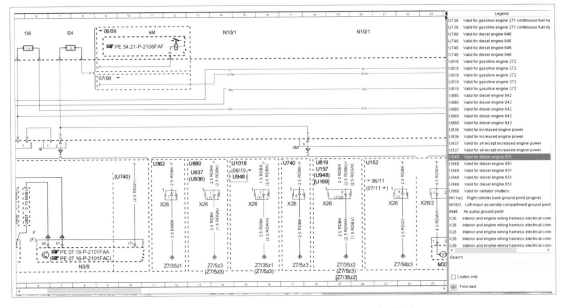

☑ **그림 12.6** Front-SAM, N10/1_f24 퓨즈 회로 확인

회로를 인지하고 엔진 배선의 상태를 점검하였다. 그물 형태의 배선 보호 피복을 벗기고 엔진 배선을 육안으로 점검 중 2.5RD/BK 빨강/검정 배선의 피복 손상을 확인하였다.

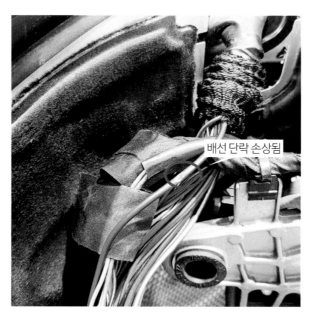

배선 단락 손상됨

☑ 그림 12.7 엔진 배선 손상 확인

해당 배선은 주행 중 에어클리너 리어 고정 브래킷 측면에서 단락이 발생되어 해당 증상이 발생된 것으로 판단된다.

입고 초기에 점검 시 엔진 배선은 케이블 타이의 고정 없이 입고가 되었다.

엔진의 배선이 엔진룸 방화벽 위치에 고정 없이 자연스럽게 늘어져서 주행 중 에어클리너 리어 고정 브래킷에 간섭이 발생되면서 해당 배선의 피복이 손상되고, 회로가 단락이 되며 N10/1_f24_15A의 손상을 발생시킨 것으로 판단된다.

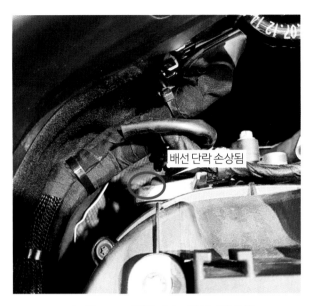

☑ **그림 12.8** 에어클리너 고정 브래킷 간섭

트러블의 원인과 수정

 원인   엔진 배선이 에어크리너 리어 브래킷 측면에 간섭되어 손상되었다.

 수정   엔진 배선을 수리하고, 엔진 배선의 위치를 정리하였다.

 참고사항

- 엔진은 가속 시와 감속 시에 좌, 우로 움직이게 되는데, 엔진 배선이 규정된 위치에 고정 없이 있는 경우 간섭되어 엔진 배선의 손상이 발생할 수 있다.
- 특히 엔진 수리를 하거나 엔진 관련 작업 중 주로 케이블 타이를 분리하는 경우가 있는데, 작업후 원래대로 엔진 배선을 케이블 타이로 고정하는 것을 잊지 말아야 한다.

176
Mercedes-Benz

🚗 차량정보

모델	· A 45 AMG
차종	· 176
차량 등록	· 2017년 07월
주행 거리	· 34,880km

13

차량이 시동 불가하여 견인하였다

고객불만

- 차량의 엔진 시동이 불가하여 견인을 실시하였다.

- 주차 브레이크가 풀리지 않는다.

☑ 그림 13.1 176 차량 전면

진단 순서

차량의 엔진 시동이 걸리지 않음을 확인하고, 주차브레이크가 풀리지 않음을 확인하였다.

차량을 전자 점검하기 위하여 Xentry test를 실시하였다. 다수의 컨트롤 유닛에서 CAN 통신 관련 통신 이상의 고장 코드를 확인하였다. 해당 차량의 배터리 전원은 약 2.8V로 확인되었다. 배터리의 방전이 지속되고 있음을 확인하였다.

☑ 그림 13.2 차량 배터리 전원

CAN 통신 상태의 점검을 시작하였다. 그림 13.3에서 보이듯이 Chassis CAN 1 (CAN E1), 섀시 캔 X30/30 (X30/74)을 점검하였다.

Model   117, 156, 176, 242, 246

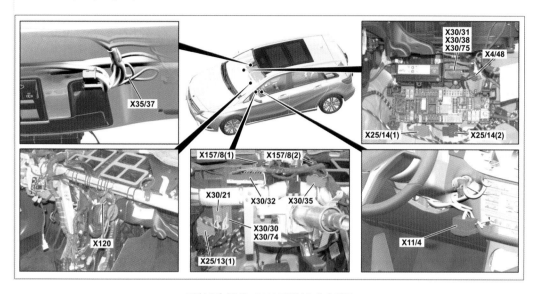

☑ 그림 13.3 CAN 전원 분배기 위치

Chassis CAN 1 (CAN E1), 섀시 캔 E1, X30/30 (X30/74) 점검 시 CAN-H : 3.0V, CAN-L : 2.5V으로 불량 확인하였다.

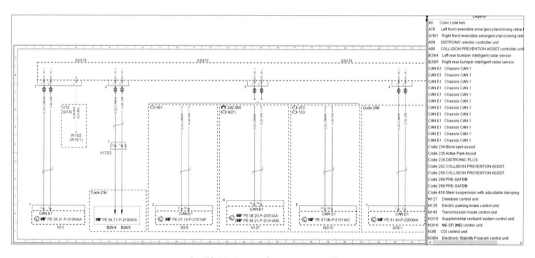

☑ 그림 13.4 X30/74, CAN E1 회로도

운전석 인스트루먼트 패널 내부의 Chassis CAN 1 (CAN E1), 섀시 캔 E1, X30/30 (X30/74)을 점검 중 6번째 커넥터 탈거 시 CAN-H : 2.7V, CAN-L : 2.3V – 정상으로 확인이 되었다.

엔진 시동도 걸리고, 주차 브레이크 풀림도 확인되었다.

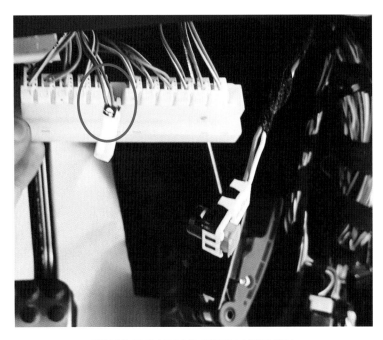

☑ 그림 13.5 X30/74, CAN E1 분배기 위치

    해당 커넥터는 B29/5, Right rear bumper intelligent radar sensor (후방 우측 범퍼 지능형 레이더 센서) 커넥터로 확인되었다. 커넥터 실제 위치와 와이어링 다이어그램의 위치가 상이하여 점검하는데 시간이 소요되었다.

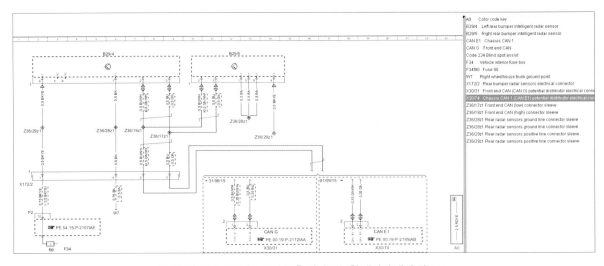

☑ 그림 13.6 B29/5, 후방 우측 범퍼 지능형 레이더 센서 회로도

점검 시 리어 범퍼 우측이 단순 외부 긁힘으로 판단되었으나 육안 점검 시 범퍼 내부의 후방 우측 범퍼 지능형 레이더 센서, B29/5의 외부 커버에 크랙을 확인할 수 있었다.

커넥터 접속 부위의 부식은 없었으며, 육안으로 센서의 외부 손상을 확인할 수 있었다.

☑ **그림 13.7 후방 우측 범퍼 지능형 레이더 센서, B29/5 손상**

트러블의 원인과 수정

원인 후방 우측 범퍼 지능형 레이더 센서, B29/5가 손상되었다.

수정 후방 우측 범퍼 지능형 레이더 센서, B29/5를 교환하였다.

참고사항

- 리어 우측 범퍼 긁힘으로 인한 후방 우측 범퍼 지능형 레이더 센서 B29/5의 외부 손상의 발생과 CAN E1 통신 붕괴를 일으키고, 배터리 방전이 발생된 케이스였다.

- 차량의 전방 또는 후방 범퍼 내부에 위치한 장거리, 단거리 등의 다양한 레이더 센서나 압력센서는 외부 충격에 약하므로 외부 손상 점검 시 주의하여 점검하도록 한다.

- 간혹 WIS가 옵션이나 위치에 따라서 배선도가 일치하지 않는 경우가 있으므로 이러한 경우 실제로 비교 측정하여 배선을 직접 확인해야 한다.

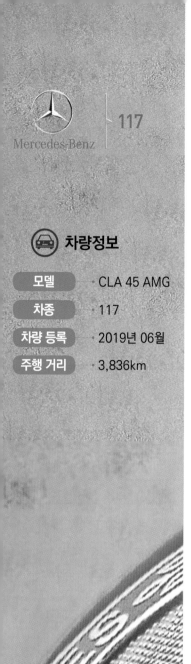

차량정보

모델	· CLA 45 AMG
차종	· 117
차량 등록	· 2019년 06월
주행 거리	· 3,836km

14

중가속 시 엔진에서 떨리는 소음이 발생한다

 고객불만

중가속구간 약 60~70Km/h 사이의 속도에서 주행 중 엔진 부근에서 떨리는 소음이 발생한다.

☑ 그림 14.1 117 차량 전면

진단 순서

이전 작업자가 2회 소음을 확인하였으나 증상 발생의 재현이 명확하지 않아서 고객과 동승하여 포맨, 팀장과 함께 해당 소음을 확인하였다.

센터 콘솔 중간 하단에서 드르르륵 떨리는 소음을 확인하였다. 센터 콘솔을 탈거 후 소음 점검 시 사운드 제너레이터(소음 발생기) 파이프 부근에서 소음이 발생됨을 확인하었다.

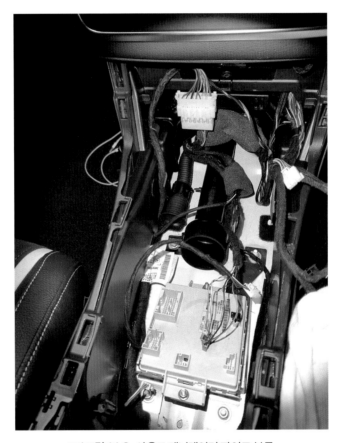

☑ **그림 14.2 사운드 제너레이터 파이프 부근**

엔진 사운드 제너레이터의 장착 상태는 이상이 없었으며, 부근의 부품들도 특이 사항은 확인되지 않았다. 실내 부품의 소음이 아닌 것을 확인하고 차량 하단의 소음 상태를 점검하였다.

센터 콘솔 하단에는 프로펠러 샤프트가 위치해 있으며, 배기관과 방열판이 장착되어 있다.

언더커버와 해당 부품들의 상태를 확인하고, 시운전을 실시하였다. 소음이 간헐적으로 재발생이 되었다.

배기 파이프와 방열판을 탈착 후 점검 시 특이 사항은 발생되지 않았다. 그림 14.3은 해당 부품 탈착 후의 모습이다.

☑ 그림 14.3 방열판 및 배기 파이프 탈착 후

시운전하며 소음을 재현해 낼 때 엔진 부근에서 드르르륵 소음이 발생됨을 확인할 수 있었다. 해당 소음은 가속 시보다는 특정 엔진 회전수 2,000~2,500RPM 영역 특히, 약 2,300RPM 부근에서 감속 시에 공명음에 의해 발생되는 것으로 확인이 되었다.

☑ 그림 14.4 사운드 발생기 파이프 고정 클립 부근

소음 재현 중 방열판과 사운드 제너레이터의 연결된 고정 클립에서 소음이 발생됨을 확인할 수 있었다. 해당 부품에 외력을 가하는 경우 소음이 사라지는 것을 확인할 수 있었다. 고정 클립은 정상적으로 장착되어 있음을 확인하였다.

☑ 그림 14.5 사운드 발생기 파이프 고정 클립 떨림

그림 14.6처럼 고정 클립을 방열판으로부터 분리 후 떨리는 비정상적인 해당 소음은 더 이상 발생되지 않았다.

☑ 그림 14.6 사운드 발생기 파이프 고정 클립 분리

트러블의 원인과 수정

 원인 사운드 제너레이터의 파이프에서 공명 진동음이 발생되었다.

 수정 사운드 제너레이터 고정 클립을 분리하였다.

참고사항

- 사운드 제너레이터는 추가적인 옵션으로서 운행 중에 운전자가 기분 좋은 운행이 될 수 있도록 사운드를 만들어주는 역할을 한다.

- 엔진 사운드와 배기 사운드 그리고 사운드 제너레이터의 공명 진동이 주파수가 서로 맞는 경우 이상 소음이 발생될 수 있으므로 해당 소음의 관련하여 참고하도록 한다.

- 일반적으로 정상 사운드와는 다른 소음이므로 비교 판단하는 것도 중요하다.

- 사운드 제너레이터는 일반적으로 30km/h 이상 주행 시부터 발생되는 외부의 차량 주행 소음, 움직임, 바람, 타이어 소음 등을 마이크로폰이나 엑셀레이터 페달 등의 엔진 CAN 신호를 전달 받아서 엔진 사운드 제너레이터나 오디오 시스템의 스피커를 통하여 작동하게 된다.

Mercedes-Benz

15
엔진 경고등이 점등하였다

🚗 차량정보

모델	· C 200 CDI
차종	· 205
차량 등록	· 2015년 05월
주행 거리	· 32.564km

고객불만

엔진 경고등이 점등하였다.

☑ 그림 15.1 205 차량 전면

진단 순서

엔진 경고등 점등으로 몇 차례 입고됨을 확인하였다.

차량을 전자 점검하기 위하여 Xentry test를 실시하였다. CDI 엔진 컨트롤 유닛 (N3/9) 내부 고장 코드 − P040100 : The flow rate of the exhaust gas recirculation positioner (low pressure) is too low − Stored 확인하였다.

N3/9 - Motor electronics 'CDI41R' for combustion engine 'OM626' (CDI) -f-

MB object number for hardware	626 901 00 00	MB object number for software	626 902 10 00
MB object number for software	626 903 26 01	MB object number for software (boot)	626 904 00 00
Diagnosis identifier	020D11	Hardware version	13/17 000
Software version	18/44 000	Software version	18/46 000
Boot software version	12/50 000	Hardware supplier	Bosch
Software supplier	Bosch	Software supplier	Bosch
Boot software supplier	Bosch	Control unit variant	CR41R_Diag_11h

Fault	Text			Status
P040100	The flow rate of the exhaust gas recirculation positioner (low pressure) is too low. _			S ☼

Name	First occurrence	Last occurrence
Measured air mass (AFS_MAIRPERCYL)	312mg/stroke	360mg/stroke
B37 (Accelerator pedal sensor) (APP)	0%	9%
Development data: (AIR_PAIRFLTDS)	994hPa	1008hPa
B28/11 (Pressure sensor downstream of air filter) (AIR_PCACDS)	1008hPa	1135hPa
B2/5b1 (Intake air temperature sensor) (AIR_TAFS)	35°C	17°C
Development data: (AIR_URAWTEGRCLRDS)	5V	5V
B11/4 (Coolant temperature sensor) (CENGDST_T)	65°C	72°C
B60 (Exhaust pressure sensor) (ENVP_P)	1008hPa	1008hPa
Ambient temperature (ENVT_T)	14°C	12°C
Engine speed (EPM_NENG)	840.00 1/min	1400.00 1/min

☑ **그림 15.2** CDI 엔진 컨트롤 유닛 내부 고장 코드

고장 코드 P040100에 의거하여 가이드 테스트를 실시하였다. 엔진을 시동하여 실제 값을 점검하였다. 붉은색으로 표시된 Measured air mass (측정된 공기량), Signal 'Cycle duration of component' B2/5, Hot film mass air flow sensor (공기량 센서의 신호), Y27/7 (Exhaust gas recirculation actuator, low pressure) (배기가스 재순환 액추에이터, 저압) 회로와 Y27/8 (Exhaust gas recirculation actuator, high pressure) (배기가스 재순환 액추에이터, 고압) 회로 상태가 규정 값을 벗어나 있음을 그림 15.3에서 볼 수 있다.

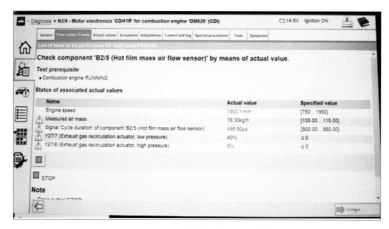

☑ **그림 15.3 가이드 테스트 실제 값**

다음 단계로 확인 시 그림 15.4에서는 보이듯이 점검해야 할 해당 메뉴를 볼 수 있다.

배기가스 재순환 회로의 흐름 점검, B2/5, 공기량 센서의 점검, Y27/7 배기가스 재순환 저압 액추에이터의 점검을 확인할 수 있다.

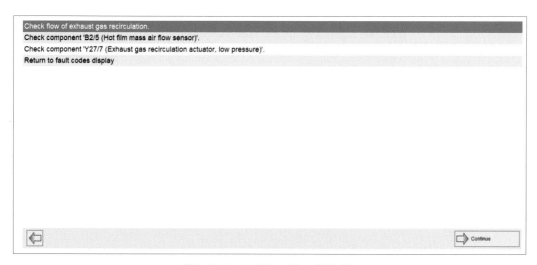

☑ **그림 15.4 가이드 테스트 항목 메뉴**

해당 가이드 테스트 항목의 메뉴를 절차대로 점검을 실시하였다.

그림 15.5에서는 배기가스 재순환 회로의 흐름 점검을 제시하고 있다. 해당 차량은 OM626 엔진이 장착된 차량으로 EGR 액추에이터가 고압과 저압으로 나뉘어서 작동되고 있다.

기존 차량은 1개의 액추에이터가 작동을 하였으나, 해당 엔진은 제조사가 외부에서 엔진을 구매하여 장착한 방식으로 약간 구조와 시스템이 변경되어 장착된 상태이다.

해당 증상의 가능한 원인으로는 배기가스 고압 및 저압 액추에이터에 카본이 끼었는지, 배기가스 재순환 쿨러가 오염이 되었는지, 배기가스 재순환 라인 회로가 막혀있는지를 점검하라는 내용을 그림 15.5를 통해서 확인할 수 있다.

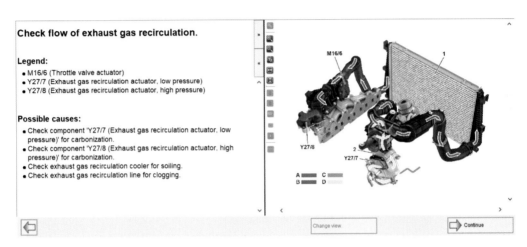

☑ 그림 15.5 배기가스 재순환 회로 점검

우선 B2/5, 공기량 센서를 점검하였다. 그림 15.6에서 확인할 수 있듯이 실제 값이 약 100.00kg/h (규정 값 : 105 ~ 115kg/h)임을 확인하였다. 실제 값이 규정 값을 벗어나 있음을 확인하였다.

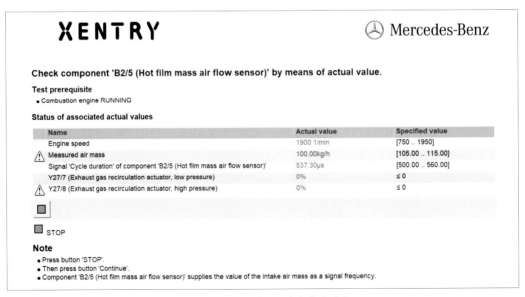

☑ 그림 15.6 B2/5, 공기량 센서 점검

그림 15.7에서 보듯 흡입 공기 가이드 파이프가 핫 필름 매스 에어 플로우 센서의 장착 위치에서 벗어나 있음을 확인하였다.

☑ **그림 15.7 흡입 공기 가이드 파이프가 벗어남**

추가적으로 그림 15.8에서 보이듯이 흡입 공기 가이드 파이프 실링의 손상도 확인되었다.

☑ **그림 15.8 흡입 공기 가이드 파이프 실링 손상**

가이드 테스트에 의거하여 점검 중 Y27/7 (Exhaust gas recirculation actuator, low pressure) (배기가스 재순환 액추에이터 저압)을 작동 상태 점검 중 작동이 불량함을 확인하였다. 그림 15.9에서 보이듯이 액추에이터의 작동에 따라 공기흐름이 발생되어야 하지만 흐름이 적음을 확인할 수 있다.

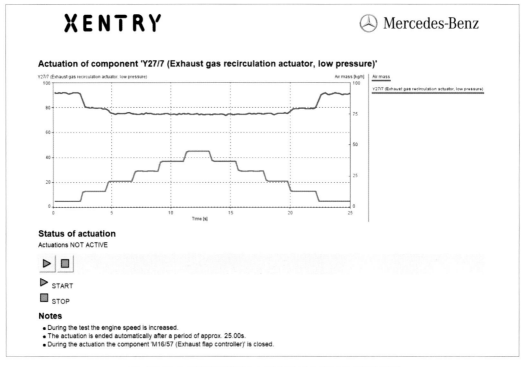

☑ 그림 15.9 Y27/7(배기가스 재순환 액추에이터, 저압) 점검

그림 15.10은 Y27/7(Exhaust gas recirculation actuator, low pressure)(배기가스 재순환 액추에이터 저압) 부품의 위치를 보여주고 있다. OM626 엔진의 우측부근의 DPF 상단에 위치하고 있다.

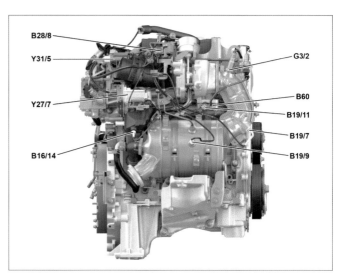

☑ 그림 15.10 Y27/7(배기가스 재순환 액추에이터, 저압) 부품 위치

Y27/7(Exhaust gas recirculation actuator, low pressure)(배기가스 재순환 액추에이터 저압)을 점검 중 배기가스 재순환 저압 통로 스크린이 검은 재로 인하여 막혀 있음을 육안으로 확인할 수 있었다.

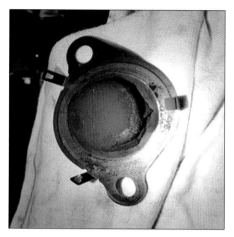 

☑ 그림 15.11 Y27/7 (배기가스 재순환 액추에이터, 저압) 통로 스크린 막힘

가이드 테스트에 의거하여 그림 15.12에서 보이듯이 Y27/8(Exhaust gas recirculation

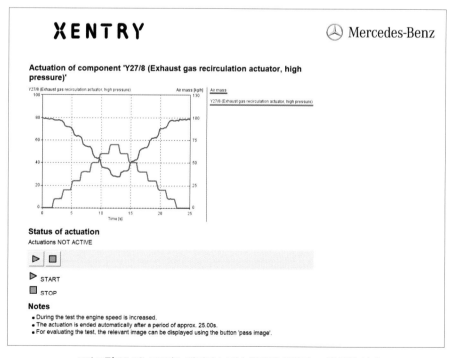

☑ 그림 15.12 Y27/8, 배기가스 재순환 액추에이터, 고압 작동 상태

actuator, high pressure)(배기가스 재순환 액추에이터, 고압)의 점검을 실시하였다. 배기가스 재순환 액추에이터의 열림량에 따라서 공기의 흐름이 변화되고 있음을 확인할 수 있었다.

그림 15.13은 Y27/8, 배기가스 재순환 액추에이터, 고압의 위치를 보여준다. OM626 엔진의 좌측의 흡기 매니폴드 상단에 위치하고 있다.

Engine rear view

B16/10　High-pressure exhaust gas recirculation temperature sensor
B4/7　Fuel pressure sensor
B70　Crankshaft Hall sensor
Y27/8　High-pressure exhaust gas recirculation actuator

☑ **그림 15.13** Y27/8 (배기가스 재순환 액추에이터, 고압) 부품 위치

배기가스 재순환 액추에이터의 작동 상태를 마치고 다시 점검하였으나 증상은 동일함을 확인하였다.

배기가스 재순환 장치의 고압 회로를 추가적으로 확인하였다. 그림 15.14에서 보이듯이 흡기 매니폴드 내부 통로가 탄소 덩어리로 인하여 완전히 막혀 있음을 확인하고 탄소 덩어리를 제거하였다.

그림 15.15는 흡기 매니폴드 내부의 통로에 형성된 탄소 덩어리를 제거하고, 내부 통로 사이로 전구 불빛이 통과함으로써 탄소 덩어리가 제거됨을 육안으로 확인할 수 있다. 해당 통로는 공간이 넓지 않으나 온도차에 의하여 탄소 덩어리의 생성이 가능해 보였다.

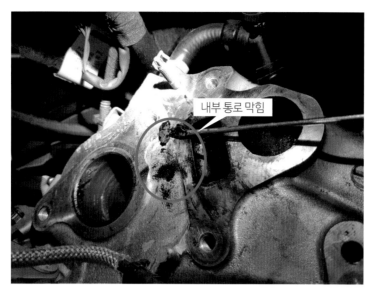

☑ 그림 15.14 흡기 매니폴드 내부 통로 막힘

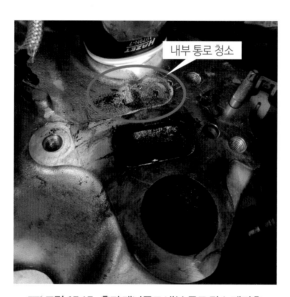

☑ 그림 15.15 흡기 매니폴드 내부 통로 탄소 제거후

그림 15.16의 탈착한 EGR 쿨러, EGR 저압과 고압 액추에이터는 세척 작업을 실시하였다.

☑ 그림 15.16 EGR 쿨러, EGR 고압와 저압 액추에이터

작업 후 확인 시 DPF 내부의 Soot content 그을음 함량이 규정 값보다 높음으로 확인 되었다. 추가적으로 DPF 리제네레이션 재생작업을 실시하였다.

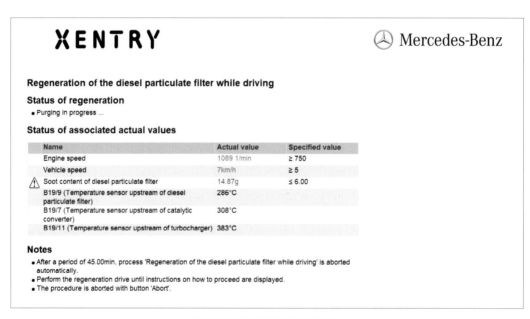

☑ 그림 15.17 DPF 재생 실시

그림 15.18은 OM626 엔진의 배기가스 재순환 회로 개요를 보여주고 있다.

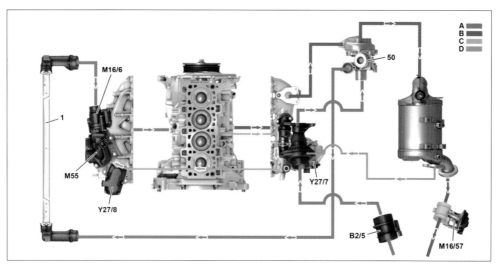

P14.20-2377-79

EGR shown schematically

1	Charge air cooler	Y27/7	Low pressure exhaust gas recirculation actuator
50	ATL	Y27/8	High pressure exhaust gas recirculation actuator
B2/5	Hot film mass air flow sensor	A	Intake air
M16/6	Throttle valve actuator	B	Exhaust
M16/57	Exhaust flap controller	C	High pressure EGR
M55	Intake port shutoff actuator motor	D	Low pressure exhaust gas recirculation

☑ 그림 15.18 배기가스 재순환 회로 개요

트러블의 원인과 수정

 원인
- 흡입 공기 가이드 파이프 실링이 손상되었다.
- 배기가스 재순환 EGR 관련 구성 부품의 내부가 오염되고, EGR 회로의 통로가 막혔다.
- DPF 내부가 오염되고 막혔다.

 수정
- 흡입 공기 가이드 파이프를 교환하였다.
- 배기가스 재순환 저압 통로 스크린, EGR 쿨러, EGR 고압과 저압 액추에이터를 청소하였다.
- 흡기 매니폴드 내부 통로의 막힘을 형성한 탄소 덩어리를 제거하고 청소하였다.
- DPF 리제네레이션을 실시하였다.

참고사항

- 해당 차량은 단거리 운행으로 인하여 배기가스 재순환 시스템 관련 부품과 EGR 통로의 막힘이 확인되었다.

- 배출가스 저감을 위한 Euro6 디젤 차량의 경우 DPF 또는 SCR 관련 시스템 관련하여 정상적인 작동이 되기 위해서는, 배기가스 온도가 일정 온도 이상에서 작동을 시작하게 된다.

- 하지만 작동온도 이하에서 운행하다가 시동을 정지하게 되면 배출가스 저감 시스템의 작동이 원활하게 진행되지 않는다. 장거리 운전을 주기적으로 실시하면 어느 정도 보상을 하게 되지만, 주로 단거리 주행을 하는 차량의 경우는 위와 같은 배기가스 재순환 장치의 이상 증상이 발생될 가능성이 높으므로 참고하도록 한다.

205

Mercedes-Benz

 차량정보

모델	· C 200
차종	· 205
차량 등록	· 2019년 12월
주행 거리	· 385km

16

엔진 경고등과 냉각수 온도 경고등이 점등하였다

 고객불만

엔진 경고등과 냉각수 온도 경고등이 점등하였다.

☑ 그림 16.1   205 차량 전면

진단 순서

엔진 경고등과 냉각수 온도 경고등 점등으로 재입고됨을 확인하였다. 해당 차량의 기존 작업 이력을 참고하여 점검하였다.

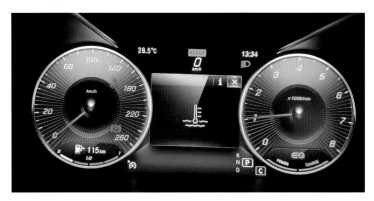

☑ 그림 16.2 계기판에 냉각수 온도 경고등 점등

차량을 전자 점검하기 위하여 Xentry test를 실시하였다. N3/10, 엔진 컨트롤 유닛 내부의 P00B700을 확인할 수 있었다. 고장 코드에 의거하여 가이드 테스트를 진행하였다.

N3/10 - Motor electronics 'MED41' for combustion engine 'M264' (ME) -F-

Model	Part number	Supplier	Version
Hardware	264 901 19 00	Bosch	17/17 000
Software	264 902 35 00	Bosch	18/25 000
Software	264 903 65 01	Bosch	19/43 000
Boot software	264 904 03 00	Bosch	17/27 000

Diagnosis identifier	004413	Control unit variant	MED41_R18A

Fault	Text			Status
P00B700	The coolant flow is too low. _			A

	Name	First occurrence	Last occurrence
	Development data [Data_Record_2_CommonEnvData]	********* Data Record 2 *********	---
	Development data [Data_Record_3_Occurrence]	********* Data Record 3 *********	---
	Development data [Data_Record_4_Occurrence]	---	********* Data Record 4 *********
	Vehicle speed	0.00	0.00
	Development data [PID1Fh_TiScneEngStrt]	124.00s	124.00s
	Fill level of fuel tank	24.31%	24.31%
	Development data [Storage_Sequence_DFES_Entry]	8.00	---
	Development data [SwSADa_tmClpmpErrSig]	0.00	0.00
	Development data [combust1_u]	49.00	49.00
	Development data [combust2_u]	9.00	9.00
	Ambient temperature (Instrument cluster)	30.75Grad C	30.75Grad C
	Development data [em1volt]	45.63V	45.63V
	Development data [enhdtcinfo]	0.00	0.00
	Development data [esocsoc]	69.92%	69.92%
	Lambda control upstream of right catalytic converter	1.02-	1.02-

☑ 그림 16.3 N3/10, 엔진 컨트롤 유닛 내부 고장 코드

고장 코드에 의거하여 가이드 테스트를 진행하였다. 그림 16.4와 같은 결과를 확인하였다.

그림 16.4 가이드 테스트 진행 결과

그림 16.5에서는 48V 온보드 배터리 시스템의 저온 쿨러 순환 회로와 고온 순환 회로의 개요를 보여주고 있다.

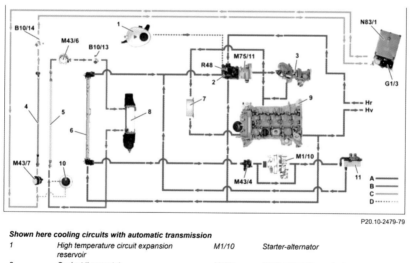

P20.10-2479-79

Shown here cooling circuits with automatic transmission

1	High temperature circuit expansion reservoir	M1/10	Starter-alternator
2	Coolant thermostat	M43/4	Starter-alternator coolant pump
3	Twin Scroll exhaust gas turbocharger	M43/6	Low temperature circuit circulation pump 1
4	Low-temperature cooler 2	M43/7	Low temperature circuit circulation pump 2
5	Low-temperature cooler 1	M75/11	Electric coolant pump
6	Radiator	N83/1	DC/DC converter control unit
7	Engine oil heat exchanger	R48	Coolant thermostat heating element
8	Charge air cooler	A	High-temperature circuit
9	Crankcase	B	Low-temperature circuit 1
10	Low-temperature circuits 1 and 2 expansion reservoir	C	Low-temperature circuit 2
11	Transmission oil heat exchanger	D	Ventilation/coolant expansion
B10/13	Low-temperature circuit temperature sensor	Hr	Return line from heater core
B10/14	Low-temperature circuit temperature sensor 2	Hv	Feed line to heater core
G1/3	48 V on-board electrical system battery		

그림 16.5 냉각 회로 개요

가이드 테스트에 의거하여 냉각 회로의 에어 블리딩을 실시하였다. 하지만 증상은 동일하였다. 추가로 점검 중 전기식 냉각수 펌프의 작동이 간헐적으로 소음을 발생하며 작동이 되지 않음을 확인하였다. 해당 전기식 냉각수 펌프 기능 이상으로 판단되어 교환하였다.

☑ 그림 16.6 전기식 워터 펌프 교환

그림 16.7에서 보이듯이 M264 엔진의 전기식 냉각수 펌프 (M75/11)는 엔진 전면의 오른쪽 하단에 위치하고 있다.

Electric coolant pump

M75/11   Electric coolant pump
R48   Coolant thermostat
         heating element

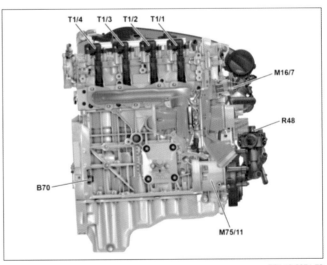

P01.10-3371-76

☑ 그림 16.7 전기식 냉각수 펌프 (M75/11) 위치

그림 16.8은 해당 차량의 냉각수 배출구를 보여주고 있다. 냉각수 배출은 1번 호스를 풀어서 일차적으로 냉각수를 배출하고, 변속기 쿨러 측면의 3번 호스를 풀어서 이차적으로 냉각수를 충분히 배출하도록 한다.

특히 해당 차량은 전기식 냉각수 펌프가 장착되어 있는 M264 엔진이므로 냉각수 진공 주입 디바이스 특수 공구를 사용하여 작업하도록 한다.

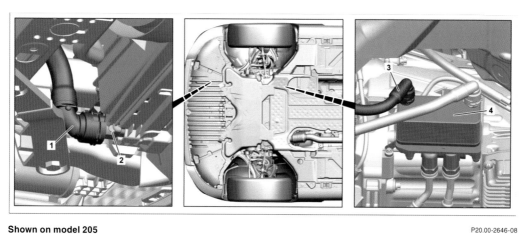

Shown on model 205

P20.00-2646-08

1 Coolant hose
2 Radiator

3 Coolant hose
4 Oil cooler

☑ 그림 16.8 냉각수 배출구

그림 16.9에서는 냉각수 회로 점검과 진공 주입 특수공구를 보여주고 있다.

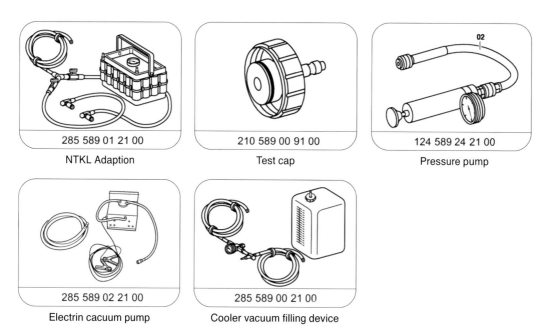

285 589 01 21 00

NTKL Adaption

210 589 00 91 00

Test cap

124 589 24 21 00

Pressure pump

285 589 02 21 00

Electrin cacuum pump

285 589 00 21 00

Cooler vacuum filling device

☑ 그림 16.9 냉각수 회로 관련 특수 공구

해당 작업은 WIS를 참고하여 작업하도록 한다.

그림 16.10은 해당 차량의 냉각수 회로에 관련된 용량과 규격을 보여주고 있다. M264 엔진의 냉각수 메인 회로 용량은 약 13리터 정도 되고, 저온 회로 용량은 약 4리터 정도 된다.

▦ **Cooling system**

Number	Designation				Engine 264 in model 253 with code B01	Engine 264 in model 253 except code B01
BF20.00-P-1001-06D	Cooling system	Workshop replacement amount	Main circuit	Liter	≈13,0	≈13,0
			Low-temperature circuit	Liter	≈4,0	-
		Antifreeze/water	Down to -37 °C	%	50/50	50/50
			-38 °C and below	%	55/45	55/45
			Specifications for Operating Fluids, sheet		BB00.40-P-0310-01A	BB00.40-P-0310-01A
			Specifications for Operating Fluids, sheet		BB00.40-P-0325-06A	BB00.40-P-0325-06A
			Specifications for Operating Fluids, sheet		BB00.40-P-0326-06A	BB00.40-P-0326-06A

☑ 그림 16.10 냉각수 회로 관련 용량 및 규격

트러블의 원인과 수정

 원인 전기식 냉각수 펌프의 작동이 불량하다.

 수정 전기식 냉각수 펌프를 교환하고, 냉각수의 배출/주입을 진공으로 실시하였다.

 참고사항

해당 차량은 전기식 냉각수 펌프가 장착된 M264 엔진이다. 일반적으로 냉각수 에어 블리딩 작업 시 작업이 원활하지 않으면 엔진이 과열되어 2차 손상이 발생할 수 있으므로, 냉각수 진공 주입 장치를 사용하여 한 번에 작업하도록 한다.

차량정보

모델	· GLE 350
차종	· 166
차량 등록	· 2016년 11월
주행 거리	· 32,668km

17

주행 중 앞바퀴 부근에서 긁는 소음이 발생한다

 고객불만

차량이 주행 중 빠르게 추월을 실시하거나, 교차로 회전 주행 시 앞바퀴 부근에서 긁는 소음이 발생한다.

☑ 그림 17.1 166 차량 전면

117

진단 순서

동일 증상으로 2회 점검을 실시하였으나 재입고 되었다. 포맨과 동승하여 고객 불만 소음을 점검 시에는 일반적으로 소음 발생을 듣기가 어려웠으나, 회전 교차로에서 중고속으로 회전 시 차량 앞 부근에서 긁는 소음이 발생됨을 확인하였다.

차량을 전자 점검하기 위하여 Xentry test를 실시하였다. 프런트 서스펜션 점검 시 모든 시스템의 고장 코드나 실제 값은 이상 없음을 확인하였다. 기술 문서 관련 점검 시 존재하지 않았다.

차량 하체 점검 시 외부 손상이나 특이 사항은 없음을 육안으로 확인하였다.

XENTRY Mercedes-Benz

N88 - Tire pressure monitor (TPM) -✓-

MB object number for hardware	000 901 78 03	MB object number for software	000 902 04 17
Diagnosis identifier	003007	Hardware version	14/27 00
Software version	14/33 00	Boot software version	12/06 00
Hardware supplier	Schrader	Software supplier	Schrader
Control unit variant	Serie_Corax3_07		

N51/6 - Roll control -✓-

MB object number for hardware	166 901 05 00	MB object number for software	166 902 98 06
Diagnosis identifier	004005	Hardware version	10/16 00
Software version	14/29 00	Boot software version	09/44 00
Hardware supplier	Temic	Software supplier	Temic
Control unit variant	Serie_ARS_004005		

N128 - Electric parking brake (EFB) -✓-

MB object number for hardware	246 901 44 06	MB object number for software	246 902 10 02
Diagnosis identifier	00000C	Hardware version	15/33 00
Software version	13/19 00	Boot software version	09/27 00
Hardware supplier	TRW	Software supplier	TRW
Control unit variant	_00000C		

N68 - Electrical power steering (ES) -✓-

MB object number for hardware	166 901 11 05	MB object number for software	166 902 73 07
MB object number for software	166 903 78 00	Diagnosis identifier	000111
Hardware version	13/46 00	Software version	15/09 00
Software version	15/09 00	Boot software version	10/26 00
Hardware supplier	ZF Lenksysteme	Software supplier	ZF Lenksysteme
Software supplier	ZF Lenksysteme	Control unit variant	EPS218_0111

N30/4 - Electronic stability program (ESP®) -✓-

MB object number for hardware	166 901 41 00	MB object number for software	166 902 51 08
Diagnosis identifier	000004	Hardware version	10/44 00
Software version	15/24 00	Boot software version	10/05 00
Hardware supplier	TRW	Software supplier	TRW
Control unit variant	000004		

N93/7 - Chassis gateway (FWGW) -✓-

MB object number for hardware	212 901 23 06	MB object number for software	212 902 58 11
Diagnosis identifier	028101	Hardware version	13/02 00
Software version	15/30 00	Boot software version	12/21 00
Hardware supplier	Lear	Software supplier	Lear
Control unit variant	B2_BR212Mopf_AEJ13_MID		

N51/3 - AIRMATIC -✓-

MB object number for hardware	166 901 54 00	MB object number for software	166 902 77 08
Diagnosis identifier	004105	Hardware version	15/19 00
Software version	15/43 00	Boot software version	11/40 00
Hardware supplier	Kostal	Software supplier	Kostal
Control unit variant	Serie_LF_ADS_004105		

☑ 그림 17.2 Xentry 진단 점검 결과

추가적으로 점검하기 위하여 N51/6, Roll control (롤 컨트롤)의 소프트웨어를 점검하였으나, 새로운 소프트웨어는 확인되지 않았다.

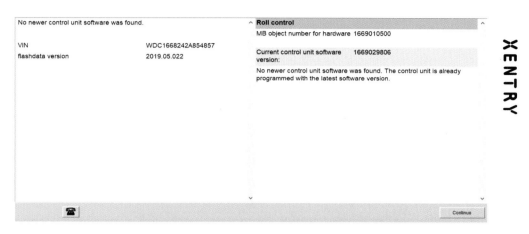

☑ **그림 17.3** Roll control 새로운 소프트웨어 확인

Roll control 시스템의 오일 레벨 점검 시 정상 레벨로 확인되었으나, 리저브 탱크 내부에서 오일의 거품이 확인되었다. 외부로 오일 누유는 확인되지 않았다.

전자적인 기능의 이상 없음이 확인되어, 추가적으로 Roll control system의 Bleeding of hydraulic system, 유압 시스템의 에어빼기 작업과 고압 테스트 작업을 실시하였다.

해당 작업은 Xentry 진단기 내부 항목에 있으며, 진단기 해당 항목 선택 시 요구사항이 맞게 설정되어 있으면 자동으로 작동하게 된다. 해당 블리딩, 에어빼기 작업 후 시운전을 실시하였으나 증상은 동일하였다.

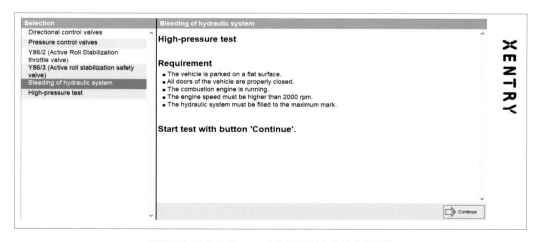

☑ **그림 17.4** Roll control 유압 시스템 에어빼기 작업

그림 17.5에서는 Active roll stabilization 시스템의 구성 부품을 보여주고 있다.

특이 사항 발생 시 해당 부품의 점검이 요구되고 항상 오일 레벨은 확인해야 한다. 주의 사항은 반드시 전용 오일을 사용할 것을 권장한다. 전용 오일이 아닌 경우 오일의 점도나 윤활 재질이 다르기 때문에 오일펌프의 내부 마모 등을 발생시킬 가능성이 높기 때문이다.

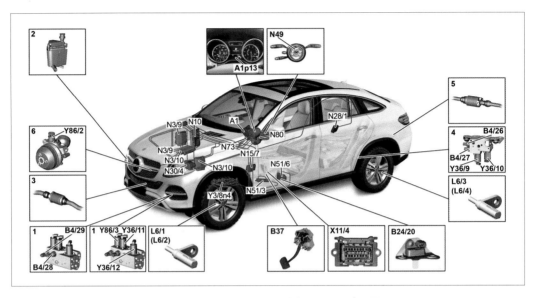

☑ **그림 17.5** Active roll stabilization 구성 부품

그림 17.6은 그림 17.5에서 보여주는 Active roll stabilization 시스템의 구성부품 명칭을 추가적으로 보여주고 있다.

1	Front axle valve block	B37	Accelerator pedal sensor	N51/6	Active roll stabilization control unit
2	Active roll stabilization oil reservoir	L6/1	Left front axle rpm sensor	N73	Electronic ignition switch control unit
3	Front axle hydraulic stabilizer adjuster	L6/2	Right front axle rpm sensor	N80	Steering column module control unit
4	Rear axle valve block	L6/3	Left rear axle rpm sensor	X11/4	Diagnostic connector
5	Rear axle hydraulic stabilizer adjuster	L6/4	Right rear axle rpm sensor	Y3/8n4	Fully integrated transmission control control unit
6	Active roll stabilization hydraulic pump	N3/9	CDI control unit (with diesel engine)	Y36/9	Active roll stabilization rear axle directional control valve
A1	Instrument cluster	N3/10	ME-SFI control unit (with gasoline engine)	Y36/10	Active roll stabilization rear axle pressure regulating valve
A1p13	Multifunction display	N10	SAM control unit	Y36/11	Active roll stabilization front axle directional control valve
B4/26	Active roll stabilization rear axle pressure sensor 1	N15/7	Transfer case control unit (with CODE 430 (On & Offroad package))	Y36/12	Active roll stabilization front axle pressure regulating valve
B4/27	Active Roll Stabilization rear axle pressure sensor 2	N28/1	Trailer recognition control unit (with CODE 550 (Trailer hitch))	Y86/2	Active roll stabilization intake throttle valve
B4/28	Active roll stabilization front axle pressure sensor 1	N30/4	Electronic Stability Program control unit	Y86/3	Active roll stabilization safety valve
B4/29	Active Roll Stabilization front axle pressure sensor 2	N49	Steering wheel angle sensor		
B24/20	Active roll stabilization lateral acceleration sensor	N51/3	AIRmatic control unit (with CODE 489 (AIRmatic))		

☑ **그림 17.6** Active roll stabilization 부품 명칭

해당 소음은 중고속 선회 시 오일 흐름의 소음으로 판단되어, 앞 차축의 자세를 제어하는 Front axle valve block (프런트 액슬 밸브 블록)을 교환하였다. 부품 교환 후 앞 차축 유압 회로 내부의 블리딩, 에어빼기 작업을 실시하였다. 시운전을 실시하여 점검 시 해당 이상 소음은 더 이상 확인되지 않았다.

☑ **그림 17.7** Front axle valve block (프런트 액슬 밸브 블록)

그림 17.8에서는 EPC 전자 부품 카탈로그 상에서 Front axle valve block (프런트 액슬 밸브 블록) (280)의 부품 위치를 보여주고 있다.

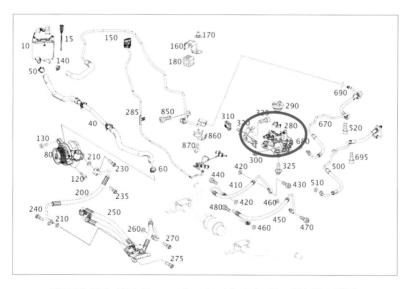

☑ **그림 17.8** EPC, Front axle valve block (프런트 액슬 밸브 블록)

트러블의 원인과 수정

 원인 Front axle valve block (프런트 액슬 밸브 블록)의 유압 라인 내부 작동이 불량하였다.

 수정 Front axle valve block (프런트 액슬 밸브 블록)을 교환하고 에어빼기 작업을 실시하였다.

 참고사항

- 해당 차량은 Code 468, Active curve system이 장착되어 있다.
- Active roll stabilization (액티브 롤 스태빌라이제이션 - 능동적 회전 안정 시스템)은 5km/h부터 인식을 시작하여 30km/h부터 정상 작동을 하게 되나. 주로 선회 시 차량의 차체가 회전 방향의 반대로 움직이는 것을 방지하여, 차량의 회전을 원활하게 해주고 운전자의 바깥쪽 기울임을 방지하는 기능을 한다.

차량정보

모델	• VS20, 119BT, CREW CAB
차종	• 447
차량 등록	• 2017년 07월
주행 거리	• 32,624km

18

각종 경고등이 점등되며
시동이 걸리지 않는다

 고객불만

각종 경고 메시지가 점등되고, 시동이 걸리지 않는다.

☑ 그림 18.1 447 차량 전면

진단 순서

동일 증상으로 다수 점검하였고, 재입고되어 Van (승합차) 팀장이 점검하며 시운전하다가 증상이 재발하여 점검을 의뢰하였다. 우선 해당 팀장에게 내용을 전달받으면서 이전 작업 내용으로는 후방 카메라 커버 플랩의 CAN 커넥터 핀을 교환하였다고 하였다. 그리고 일주일 정도 시험 운전 점검 중 증상이 1회 발생되었다고 하였다. 증상이 간헐적이고 불규칙적인 것으로 판단되어 정밀한 점검이 필요하다고 생각되었다. 차량을 전자 점검하기 위하여 Xentry test를 실시하였다. 그림 18.2처럼 EIS 내부에 고장 코드 U103288 : Chassis CAN communication has a malfunction. Bus OFF, 즉 섀시 CAN 통신에 기능 이상이 발생하였다. 그리고 다수의 컨트롤 유닛에서 CAN 통신 불량이 확인되었다.

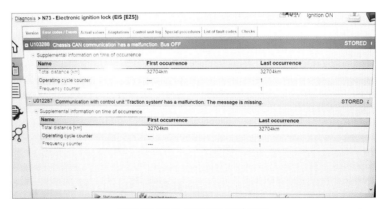

☑ 그림 18.2 EIS 내부 고장 코드

그림 18.3처럼 고장 코드에 의거하여 가이드 테스트를 진행하였다. 가이드 테스트 결과로는 Chassis CAN (X30/28)을 점검하라는 내용을 확인하였다.

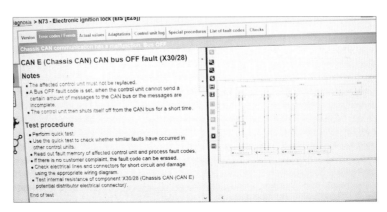

☑ 그림 18.3 EIS 내부 고장 코드 가이드 테스트 결과

CAN 통신 분배기의 위치를 확인하기 위하여 WIS를 참고하였다.

X30/28, Chassis CAN (CAN E), 섀시 CAN 통신 분배기 회로를 점검하였다.

회로 구성은 그림 18.4에서처럼 녹색 배선으로 연결되어 통신이 되고 있다.

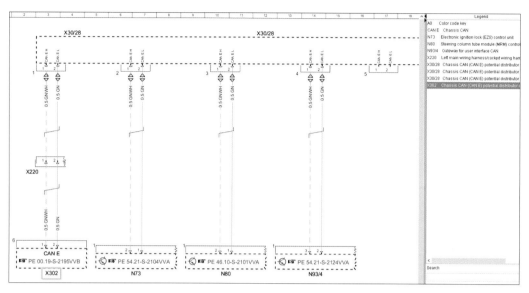

☑ **그림 18.4** X30/28, Chassis CAN (CAN E), 섀시 CAN 통신 분배기 회로

그림 18.5에서는 해당 차량의 CAN 분배기 위치를 보여주고 있다. X30/28과 X302는 운전석 대시보드 부근에 설치가 되어 있다.

해당 차량은 X30/28과 X302는 Chassis (CAN E) 섀시 CAN 통신 분배기 회로로서 관련된 역할을 한다. N62, Parktronic control unit (PTS), 주차 제어 컨트롤 유닛과 연결되어 서로 간에 통신을 중앙 게이트웨이와 하고 있다. 중앙 게이트웨이의 역할은 EIS가 하고 있다.

N62, Parktronic control unit 내부 U014687 : Communication with the central gateway has a malfunction. The message is missing – Stored. 중앙 게이트웨이에 기능 이상이 발생하였다. 동일하게 통신 불량이 확인되었다. 이전에 Van 팀장이 CAN 커넥터 핀을 교환한 이유도 이와 관련되어 있다. 후방에 관련하여 통신상에 문제가 발생됨을 확인할 수 있었다. 그림 18.7과 같이 배선 회로를 확인하였다.

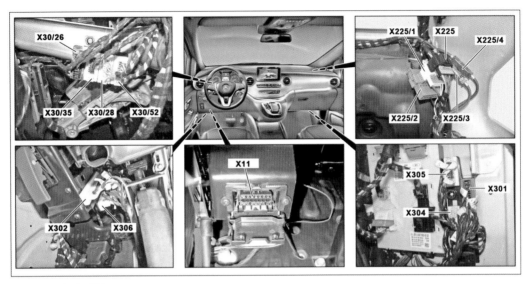

Shown on MODEL 447.8

X11	Diagnostic connector	X225/3	Main wiring harness/firewall main wiring harness 4 electrical connector
X30/26	Interior CAN (CAN B) potential distributor electrical connector	X225/4	Main wiring harness/firewall main wiring harness electrical connector 5
X30/28	Chassis CAN (CAN E) potential distributor electrical connector	X301	Interior CAN (CAN B) potential distributor electrical connector
X30/35	Telematics CAN (CAN A) potential distributor electrical connector	X302	Chassis CAN (CAN E) potential distributor electrical connector

☑ 그림 18.5 CAN 통신 분배기 위치

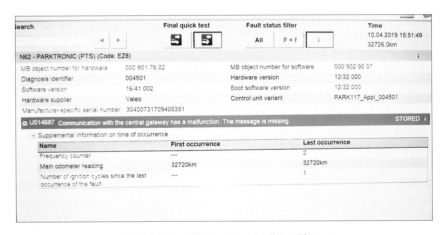

☑ 그림 18.6 N62, Parktronic 내부 고장 코드

우선 후방 카메라 통신 관련 배선을 점검하기 위하여 트렁크 커버를 분리하였다.

차량의 외부 대미지는 확인되지 않았으며, 배선 상태도 특이 사항은 확인되지 않았다.

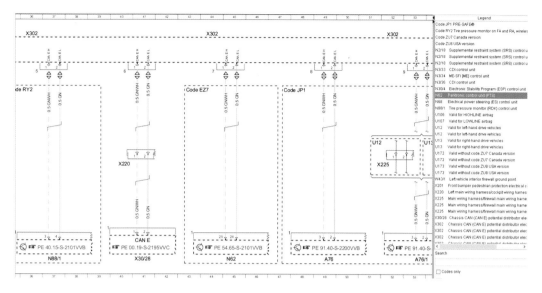

☑ 그림 18.7 N62, Parktronic control unit (PTS), 주차 제어 컨트롤 유닛 회로

☑ 그림 18.8 트렁크 커버 탈거후 점검

배선 점검 중 리어 트렁크 우측 내부 연결 배선에서 피복이 벗겨져 손상됨을 확인하였다.

해당 배선은 그림 18.10에서 보이듯이 N144, Camera cover (KAB) control unit(카메라 커버 컨트롤 유닛)과 연결된 K40/11, Firewall fuse and relay module(방화벽 휴즈와 릴레이 모듈)과 연결된 30g 0.75RDBU (빨강/파랑) 배선과 X301, Interior CAN(CAN B)(인테리어 CAN) 분배기 배선과 연결된 CAN E H, 0.5BN/RD(갈색/빨강)

☑ 그림 18.9 배선 피복 손상됨

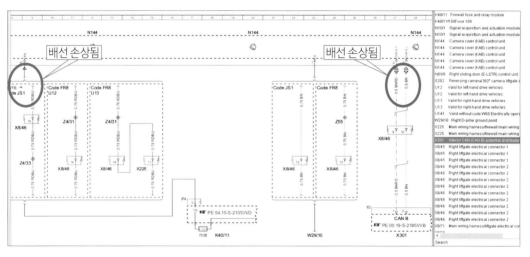

☑ 그림 18.10 리어 카메라 커버 컨트롤 유닛 회로

으로 확인되었다.

　해당 배선은 리어 카메라 커버 컨트롤 유닛의 전원 공급 배선과 인테리어 CAN의 통신 신호 배선이다. 두 배선이 동시에 차체에 간섭되어 피복이 벗겨져 단락을 일으켜 CAN 통신 붕괴에 이르러 해당 증상이 발생된 것으로 판단된다.

그림 18.11은 트렁크 내부의 전기 배선 회로 위치를 보여주고 있다.

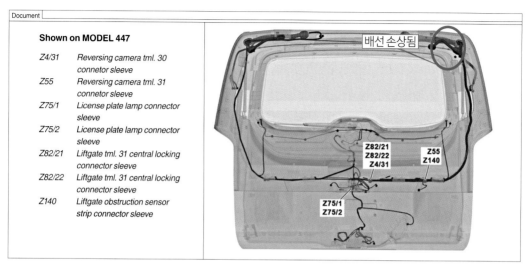

Document

Shown on MODEL 447

Z4/31	Reversing camera tml. 30 connetor sleeve
Z55	Reversing camera tml. 31 connetor sleeve
Z75/1	License plate lamp connector sleeve
Z75/2	License plate lamp connector sleeve
Z82/21	Liftgate tml. 31 central locking connector sleeve
Z82/22	Liftgate tml. 31 central locking connector sleeve
Z140	Liftgate obstruction sensor strip connector sleeve

☑ 그림 18.11 트렁크 내부 전기 배선 회로 위치

트러블의 원인과 수정

 원인 트렁크 내부에서 전원 공급 배선과 CAN 통신 신호 배선이 손상되어 차체에 단락 되었다.

 수정 손상된 전원 공급 배선과 CAN 통신 신호 배선을 수리하였다.

참고사항

- 해당 차량은 Vito 차량으로 승합차로 분류가 된다.

- 특히 해당 차량은 뒷좌석에 시트가 설치되지 않고, 짐을 싣는 공간으로 분류되어 있었다.

- 주로 짐을 싣는 용도로서 트렁크 리드를 자주 사용한 것으로 판단된다.

- 배선의 피복이 벗겨진 트렁크 우측 내부 경첩 부근에서 배선과 간섭이 발생된 것으로 확인되었다.

- 트렁크의 구조상 위에서 직각으로 내려가는 배선 구조이므로 중력에 의해서 항상 배선 뭉치가 자연스럽게 하단 방향으로 무게가 쏠려있게 된다. 그래서 배선을 추가적으로 고정하고 주변으로부터의 손상에 방지하는 배선 보호 조치를 추가로 실시하였다.

- 간헐적이고 불규칙적인 증상은 확인하기도 어려우므로, 고객에게 양해를 구하고 하나하나 점검해 해답을 찾기를 바란다.

447

Mercedes-Benz

차량정보

모델	· VS20, 116BT, MARCOPOLO
차종	· 447
차량 등록	· 2019년 01월
주행 거리	· 6,312km

19

보조 히터와 실내등이
작동되지 않는다

 고객불만

보조 히터가 작동하지 않으며, 실내 모든 전구가
점등되지 않는다.

☑ 그림 19.1 447 차량 전면

진단 순서

이전 작업자가 점검하고 출고하였으나 재입고 되었다. 차량을 전자 점검하기 위하여 Xentry test를 실시하였다. 특이 사항은 확인할 수 없었다. 엔진 정지 시 보조 히터의 작동이 되지 않음을 확인하였다.

N141 - Selective catalytic reduction (SCR) (Code: MX0) ✓

MB object number for hardware	000 901 96 03	MB object number for software	000 902 58 33
MB object number for software	000 903 57 18	MB object number for software (boot)	000 904 38 00
Diagnosis identifier	001929	Hardware version	14/32 000
Software version	15/44 000	Software version	17/46 000
Boot software version	14/38 000	Hardware supplier	Bosch
Control unit variant	SCRCM3__15B2		

N118 - Control unit 'Fuel pump' (FSCU) ✓

MB object number for hardware	000 901 38 06	MB object number for software	000 902 44 22
MB object number for software	000 903 47 07	Diagnosis identifier	003309
Supplier hardware ID	158	Hardware supplier	Continental
Control unit variant	FSCM_GEN4_Programmst and_x309	Manufacturer-specific serial number	31 37 30 32 33 38 32 35 38 32

N68 - Electrical power steering (ES) ✓

MB object number for hardware	447 901 46 01	MB object number for software	447 902 89 02
MB object number for software	447 903 15 00	Diagnosis identifier	000207
Hardware version	13/23 000	Software version	14/20 000
Software version	14/20 000	Boot software version	13/23 000
Hardware supplier	ZF Lenksysteme	Software supplier	ZF Lenksysteme
Software supplier	ZF Lenksysteme	Control unit variant	EPS218_EPS447_0207
Manufacturer-specific serial number	41 19.08.17 4549		

N30/4 - Electronic stability program (ESP®) ✓

MB object number for hardware	000 901 36 02	MB object number for software	447 902 26 01
Diagnosis identifier	001503	Hardware version	12/11 000
Software version	15/13 005	Boot software version	12/49 000
Hardware supplier	Bosch	Software supplier	Bosch
Control unit variant	ESP9LEI_Diag_001503	Manufacturer-specific serial number	0009013602108517081000 10601432

N10/1 - Signal acquisition and actuation module (SAM) ✓

MB object number for hardware	447 901 64 02	MB object number for software	447 902 02 04
Diagnosis identifier	020012	Hardware version	14/23 000
Software version	15/35 002	Boot software version	13/32 000
Hardware supplier	Delphi	Software supplier	Delphi
Control unit variant	CBC447_App_18	Manufacturer-specific serial number	4D 31 37 32 34 30 32 34 34 32

LIN: B38/2 - Rain/light sensor (RGLS) ✓

MB object number for hardware	447 905 36 03	Diagnosis identifier	008004
Hardware version	14/19 000	Hardware supplier	Hella
Control unit variant	LRSM447_RLS_008004	Manufacturer-specific serial number	4479053603
Software version	16/11 000		

LIN: N74 - Control unit 'Operating panel for driver assistance systems' (BDF FAS) ✓

MB object number for hardware	205 905 80 09	Diagnosis identifier	000001
Hardware version	13/20 000	Hardware supplier	---
Control unit variant	ASBM_DA_Diag_000001	Manufacturer-specific serial number	2059058009
Software version	13/23 002		

☑ 그림 19.2 Xentry 진단기 점검

메인 배터리 점검 시 12V로 확인하였으나, 추가 배터리 확인 시 3.6V로 확인되었다. 추가적으로 방전 전류 점검 시 이상은 없었다.

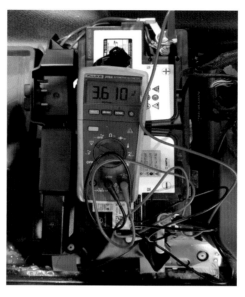

☑ **그림 19.3 추가 배터리 점검**

해당 차량은 스포츠 레저 위주의 옵션의 차량이며, Code E28으로 추가 배터리가 설치된 차량이다. 운전석 하단에는 메인 배터리가 위치해 있고, 동반석 하단에는 추가 배터리가 설치되어 있다. 추가 배터리는 주로 야외에서 시동을 끄고, Key off 시 차량 전원 보조용으로 사용된다.

Model   **447**
        with code E28 (Additional battery for retrofitted consumers)
Model   **447**
        with code EE8 (Battery 12V 100Ah)

Shown on model 447 with code E28 (**Additional battery for retrofitted consumers**)

1   *Ground cable*
2   *Bolts*
3   *Bracket*
7   *Vent hose*
G1/1   *Additional battery*

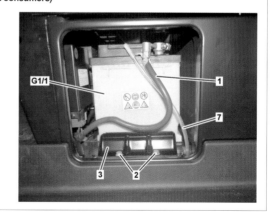

☑ **그림 19.4 추가 배터리 설치됨**

트러블의 원인과 수정

 원인 추가 배터리의 전원이 매우 낮다.

 수정 추가 배터리를 교환하였다.

참고사항

- 해당 차량은 Marcopolo 특수 옵션 차량으로 럭셔리 스포츠 레저 캠핑용의 특수 개별 옵션을 추가 적으로 장착한 차량이다. 해당 차량의 추가 배터리는 일반적으로 엔진 시동 정지 시에 일정 시간 전원 보조용으로 사용된다. 타이머가 설치되어서 겨울에 히터도 일정 시간 작동이 가능하고, 실내 전원도 key off 시에 사용이 가능하다. 해당 전원은 추가 배터리의 용량에 의해 결정된다. 그리고 엔진 시동 시 배터리 릴레이가 작동해서 자동으로 충전된다.

- 해당 추가 옵션 장착 차량은 WIS에서 정보를 미지원하여 직접 확인하고 점검하는데 시간이 소비되었 다. 이점 작업 시 유의하도록 한다.

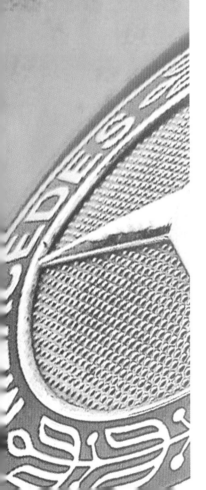

차량정보

모델	· GLA 200
차종	· 156
차량 등록	· 2015년 12월
주행 거리	· 16,754km

20

배터리 경고등이 점등한다

 고객불만

배터리 경고등이 점등된다.

☑ 그림 20.1 156 차량 전면

진단 순서

이전 작업자가 점검하다가 작업을 전달받았다. 해당 작업자는 배터리와 배터리 센서를 교체하고 테스트를 실시하였다고 한다. 차량을 전자 점검하기 위하여 Xentry test를 실시하였다.

N10 – Signal acquisition and actuation module (SAM), 샘에서 U113E87 : Communication with the battery sensor has a malfunction. The message is missing – Current and stored. 즉, 배터리 센서의 기능에 이상이 있다고 현재형으로 확인되었다.

N3/10 - Motor electronics 'MED40' for combustion engine 'M270' (ME)   -✓-

MB object number for hardware	270 901 17 00	MB object number for software	270 904 07 00
MB object number for software	270 902 90 00	MB object number for software	270 903 79 01
Diagnosis identifier	02203F	Hardware version	13/09 00
Software version	12/11 00	Software version	15/37 00
Software version	15/37 00	Boot software version	12/11 00
Hardware supplier	Bosch	Software supplier	Bosch
Software supplier	Bosch	Software supplier	Bosch
Control unit variant	VC11_A		

N10 - Signal acquisition and actuation module (SAM)   -F-

MB object number for hardware	117 901 23 00	MB object number for software	246 902 67 03
Diagnosis identifier	02C60B	Hardware version	11/30 05
Software version	14/06 01	Boot software version	13/36 00
Hardware supplier	Conti Temic	Software supplier	Conti Temic
Control unit variant	CBC_Rel20_02C60B_Bolero		

Fault	Text			Status
U113E87	Communication with the battery sensor has a malfunction. The message is missing.			A+S
	Name	First occurrence	Last occurrence	
	Frequency counter	---	1	
	Main odometer reading	16752km	16752km	
	Number of ignition cycles since the last occurrence of the fault	---	0	

A+S=CURRENT and STORED

LIN: N72/1 - Upper control panel (UCP)   -✓-

LIN: A67 - Dimming inside rearview mirror (AISP)   -✓-

LIN: B95 - Battery sensor (BSN)   -F-

Fault	Text			Status
U113E87	Communication with the battery sensor has a malfunction. The message is missing.			A+S
	Name	First occurrence	Last occurrence	
	Frequency counter	---	1	
	Main odometer reading	16752km	16752km	
	Number of ignition cycles since the last occurrence of the fault	---	0	

A+S=CURRENT and STORED

LIN: B38/2 - Rain/light sensor (RGLS)   -✓-

LIN: N70 - Control unit 'Overhead control panel' (OCP)   -✓-

☑ 그림 20.2 Xentry test 고장 코드

해당 고장 코드에 의거하여 가이드 테스트를 실시하면 그림 20.3에서와 같이 B95, 배터리 센서를 점검하라는 내용을 확인할 수 있다.

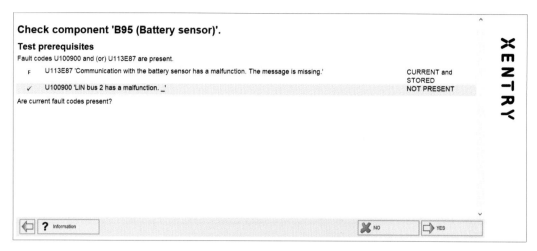

☑ 그림 20.3 가이드 테스트 실시

가이드 테스트 결과 그림 20.4의 결과를 확인할 수 있다.

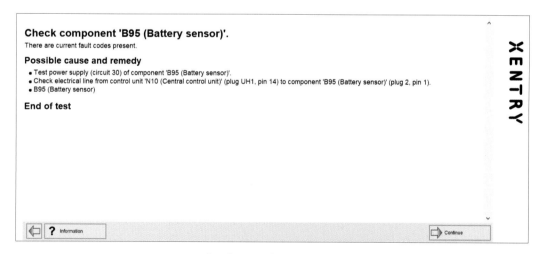

☑ 그림 20.4 가이드 테스트 결과

배터리 센서 Circuit 30, 30회로는 14.2V로 확인되었다. SAM과 배터리 센서 배선 저항은 0.2Ω으로 확인되었다.

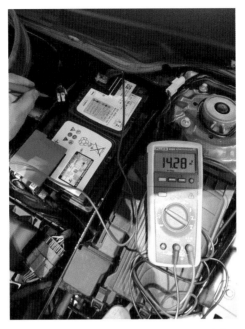

☑ **그림 20.5** 배터리 센서 Circuit 30 전압

배터리 통신 LIN 점검 시 11V로 확인되었다.

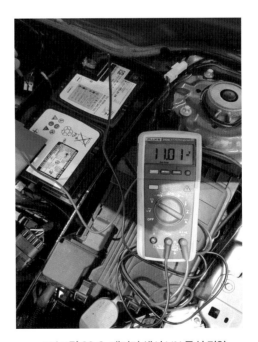

☑ **그림 20.6** 배터리 센서 LIN 통신 전압

그림 20.7에서 보이듯이 B95, 배터리 센서는 LINB15로 N10, SAM(샘)과 통신하고 있다.

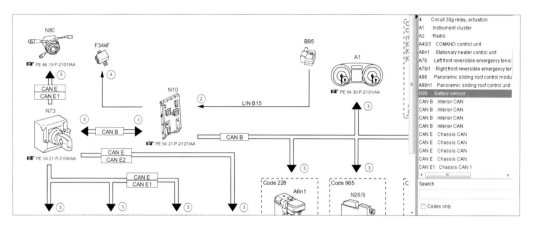

☑ **그림 20.7 배터리 센서 LIN 회로**

그림 20.8에서는 배터리 센서의 연결 회로를 보여주고 있다.

회로 점검 시 특이 사항은 확인되지 않았다.

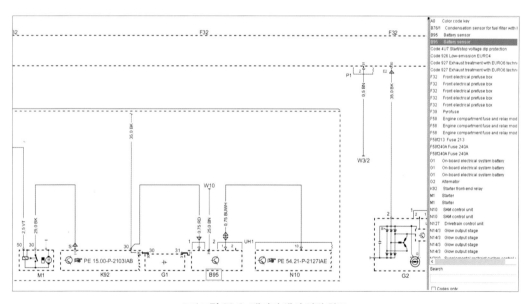

☑ **그림 20.8 배터리 센서 연결 회로**

추가적으로 배터리 센서의 품번을 확인하였다. A 166 905 60 01이 장착되어 있었다.

✓ **그림 20.9** 신형 배터리 센서

EPC 부품 카탈로그를 이용하여 부품 번호 점검 시 해당 차량은 A 246 905 24 03이 장착되어야 하는 차량이었다. 그림 20.10에서 200번이 해당 차량의 배터리 센서 품번이다.

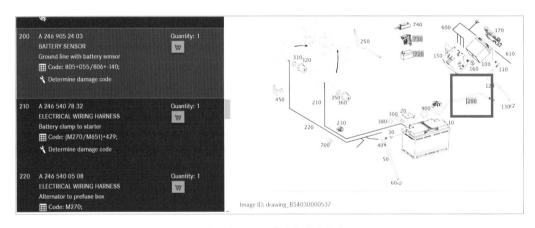

✓ **그림 20.10** 배터리 센서 품번

그림 20.11에서는 해당 차량의 정상 품번 배터리 센서 A 246 905 24 03가 장착되어 있음을 확인할 수 있다.

☑ 그림 20.11 구형 배터리 센서

트러블의 원인과 수정

 원인 신형 배터리 센서가 장착되어 있다.

 수정 구형 배터리 센서로 교환하였다.

 참고사항

- 기존 수리 작업에서 실수한 것으로 판단되었다.
- 배터리 센서의 외형이 동일하게 생겨서 신형이 좋은 것으로 생각하여 장착하지만, 내부 로직이 신형과 구형은 다르기에 경고등을 표시하여 점검을 알리는 것이다.
- Face lift 이전 차량은 구형 부품의 센서로 장착해야 한다.
- 제조사의 규격에 맞게 정상적인 부품을 장착하는 것이 최선이라 생각된다.

141

차량정보

모델	A 200
차종	177
차량 등록	2019년 06월
주행 거리	456km

21

보조 배터리 경고등이
점등하였다

고객불만

보조 배터리 경고등이 점등된다.

☑ 그림 21.1 177 차량 전면

진단 순서

동일 증상으로 3회 입고하였다. 차량을 전자 점검하기 위하여 Xentry test를 실시하였다. N10-Signal acquisition and actuation module (SAM), 샘 내부의 Fault code - B11C113 : The additional battery has a malfunction. There is an open circuit. 즉, 보조 배터리의 기능 이상이 발생하였다. 내부 단선이 존재한다는 고장 코드와 B11C11B : The additional battery has a malfunction. The limit value for resistance has been exceeded. - Current and stored. 즉, 보조 배터리의 기능에 이상이 있으며, 저항 허용 한계를 초과하였고 - 현재형과 저장됨으로 확인되었다.

N10 - Signal acquisition and actuation module (SAM)			-F-
Model	**Part number**	**Supplier**	**Version**
Hardware	247 901 78 01	Continental	17/30 003
Software	247 902 16 03	Continental	19/06 001
Software	---	---	18/04 001

Diagnosis identifier		001104	Control unit variant		BCMFA2_R_13

Fault	**Text**			**Status**
B11C113	The additional battery has a malfunction. There is an open circuit.			S
	Name	**First occurrence**	**Last occurrence**	
	Operating time	---	280533808	
	Status of operating time	---	1	
	Frequency counter	---	5	
	Main odometer reading	448.00km	448.00km	
	Number of ignition cycles since the last occurrence of the fault	---	1	
B11C11B	The additional battery has a malfunction. The limit value for resistance has been exceeded.			A+S
	Name	**First occurrence**	**Last occurrence**	
	Operating time	---	276648638	
	Status of operating time	---	1	
	Frequency counter	---	1	
	Main odometer reading	432.00km	432.00km	
	Number of ignition cycles since the last occurrence of the fault	---	0	

S=STORED, A+S=CURRENT and STORED

☑ 그림 21.2 N10, SAM, 샘 내부 고장 코드

그림 21.3에서는 보조 배터리 내부의 실제 값을 보여주고 있다. G1/7, (Additional battery)(보조 배터리 실제 전압)은 4.4V (11.0~15.5V)이고 내부 저항은 1200mΩ (≤ 1000)으로 확인이 되었다. 규정값에서 벗어난 수치이다.

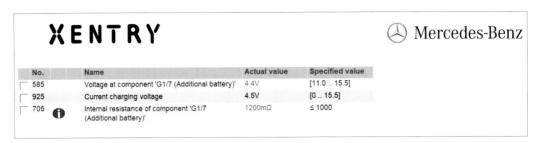

☑ 그림 21.3 보조 배터리 실제 값

그림 21.4에서는 해당 고장 코드에 의거하여 가이드 테스트를 제시하였다. 가능한 원인으로는 F25/1 보조 배터리 퓨즈 기능 이상, 전기 배선의 손상, 헐거움, 부식, 커넥터 핀의 접촉 상태, 배선 수리의 필요 그리고 발전기 전압 조정기를 점검하라는 결과를 확인할 수 있다.

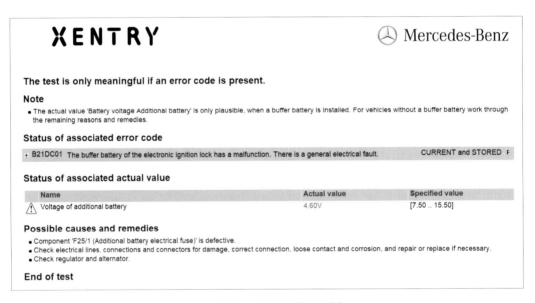

☑ 그림 21.4 가이드 테스트 결과

보조 배터리 퓨즈 F25/1을 점검하였으나 특이 사항은 없었다.

그림 21.5에서 보이듯이 보조 배터리는 센터 콘솔 하단에 위치하고 있다.

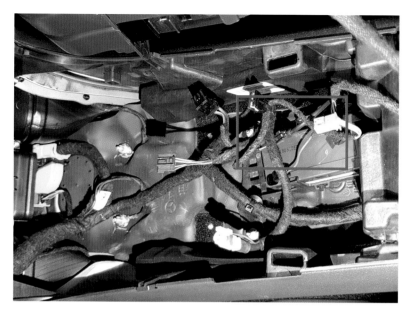

☑ **그림 21.5** 보조 배터리 장착 위치

해당 보조 배터리의 상태를 점검하였다. Xentry 진단기와 멀티미터로 점검 시 약 5V 정도를 확인하였다. 외부 손상이나 부식 등의 특이 사항은 찾아볼 수 없었다.

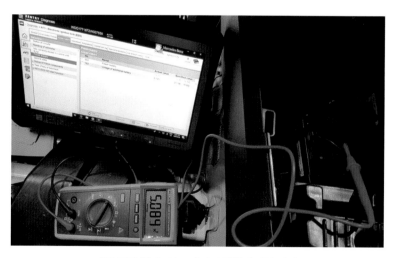

☑ **그림 21.6** 보조 배터리 장착시 전압 점검

보조 배터리를 탈착하여 점검을 실시하였다. 11.3V의 양호한 전압을 보여주고 있다.

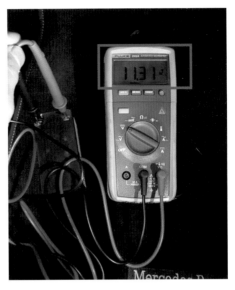

☑ 그림 21.7 보조 배터리 단품 점검

보조 배터리 커넥터를 연결하면 5V를 지시하고, 커넥터를 분리하면 11V를 지시하는 것으로 확인되어 어디선가 전기가 소비된다는 추측이 가능하였다. 운전석 발판 우측 하단 부근의 와이어링 하니스에서 일반 배선으로 블랙박스 전원 배선을 임의로 연결한 것을 확인하였다.

☑ 그림 21.8 블랙박스 전원선 연결

해당 블랙박스 배선을 분리하고 보조 배터리 실제 값을 확인하였다. 약 12.3V로 정상적으로 작동이 되고 있음을 확인하게 되었다.

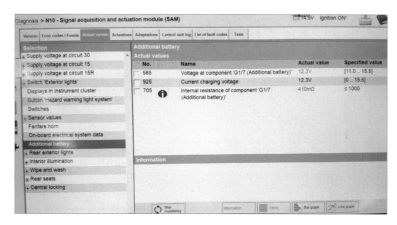

☑ 그림 21.9 작업후 보조 배터리 실제 값

트러블의 원인과 수정

 원인　블랙박스 전원 배선이 A-필러 운전석 하단에 위치한 보조 배터리 연결 배선에 추가적으로 연결이 되었다.

 수정　블랙박스 전원 배선을 분리하고 배선 정리를 실시하였다.

참고사항

- 해당 차량은 출고한 지 한 달이 되지 않아서 고객 불만이 상당히 높았다.
- 자동차는 전원 공급 배선이 많은데, 전문 지식 없이 임의로 배선을 연결하는 것은 위험하다.
- 간혹 차량 화재의 원인이 임의로 설치한 부품의 배선에서 발생되는 경우가 있으니, 차량과 운전자의 안전을 위하여 보호 퓨즈를 설치하면 좋을듯하다.

Mercedes-Benz | 213

213

차량정보

모델	• E 200
차종	• 213
차량 등록	• 2016년 10월
주행 거리	• 32,205km

22

운전석 앰비언트 라이트가 점등되지 않는다

고객불만

운전석의 앰비언트 라이트가 작동하지 않는다.

☑ 그림 22.1 213 차량 전면

진단 순서

운전석과 컵홀더 그리고 동반석 발판 앰비언트 라이트가 작동하지 않는다.

☑ **그림 22.2** 운전석 앰비언트 라이트 미작동

차량을 전자 점검하기 위하여 Xentry test를 실시하였다. N162, Ambiance light

N162 - Ambiance light (AML) -F-

MB object number for hardware	213 901 65 04	MB object number for software	213 902 26 05
Diagnosis identifier	020200	Hardware version	15/37 000
Software version	15/51 000	Boot software version	15/28 000
Hardware supplier	Delphi	Software supplier	Delphi
Control unit variant	ALC213_ALC213_020200		

Fault	Text			Status
U112887	Communication with one or more color generation and coupling modules on LIN bus 7 has a malfunction. The message is missing.			A+S
	Name	**First occurrence**	**Last occurrence**	
	Frequency counter	---	1.00	
	Main odometer reading	21168.00km	21168.00km	
	Operating cycle counter	---	0.00	

A+S=CURRENT and STORED

N10/6 - Front signal acquisition and actuation module (Driver-side SAM) -F-

MB object number for hardware	213 901 41 03	MB object number for software	213 902 50 04
Diagnosis identifier	02030D	Hardware version	15/03 001
Software version	15/44 000	Boot software version	15/06 004
Hardware supplier	Hella	Software supplier	Hella
Control unit variant	BC_F213_E112_2		

Fault	Text			Status
B172B15	The output of the front footwell illumination has a malfunction. There is a short circuit to positive or an open circuit.			A+S
	Name	**First occurrence**	**Last occurrence**	
	Frequency counter	---	1.00	
	Main odometer reading	32192.00km	32192.00km	
	Operating time	---	1659601976	
	Status of operating time	---	3	
	Number of ignition cycles since the last occurrence of the fault	---	0.00	

A+S=CURRENT and STORED

☑ **그림 22.3** 앰비언트 라이트 미작동 고장 코드

(AML) – 앰비언트 라이트 컨트롤 유닛 내부의 고장 코드 : U112887 – Communication with one or more color generation and coupling modules on LIN bus 7 has a malfunction. – Current and stored와 N10/6, Front signal acquisition and actuation module (Driver-side SAM), 운전석 샘 내부 B172B15 – The output of the front footwell illumination has a malfunction. Current and stored로 확인하였다.

해당 고장 코드에 의거하여 가이드 테스트를 진행하였다. LIN bus 관련 점검을 확인하였다.

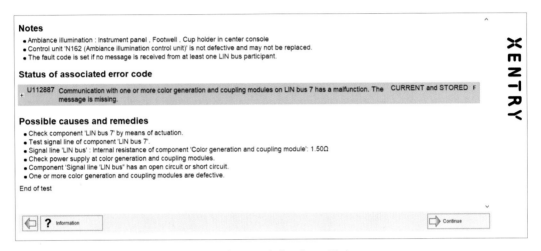

☑ 그림 22.4 가이드 테스트 결과

앰비언트 라이트 배선 라인을 점검하였다. 공급 전원은 12V이고 LIN Bus 전압은 9V로 확인하였다.

LIN Bus 회로를 점검하였다. 운전석 LIN Bus와 컵홀더 램프가 연결됨을 확인하였다.

그림 22.5의 앰비언트 라이트 컨트롤 유닛 회로에 의거하여 LIN Bus 점검 시 E43/18, 운전석 앰비언트 라이트의 이전 회로는 E17/16, 앞 좌측 동반석 발판 램프 회로였다. 앰비언트 회로를 점검하기 위하여 동반석 발판 커버를 탈착하였다.

동반석 발판 커버를 탈착 후 점검 시 흰색 커넥터가 탈거되어 있음을 확인하였다.

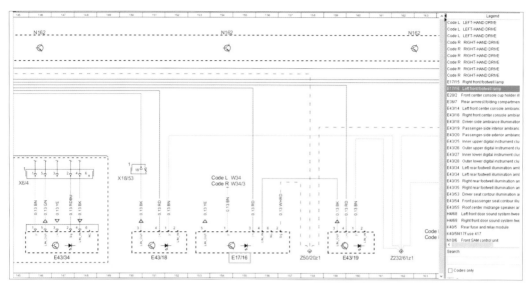

☑ 그림 22.5 앰비언트 라이트 회로

☑ 그림 22.6 동반석 발판 램프 커넥터 탈거됨

동반석 발판 램프 커넥터를 재 접속 후 정상 작동됨을 확인하였다.

☑ **그림 22.7** 동반석 발판 램프 커넥터 연결 후

트러블의 원인과 수정

 원인   동반석의 발판 램프 접속 커넥터가 탈거되었다.

 수정   동반석의 발판 램프 접속 커넥터를 재접속하였다.

참고사항

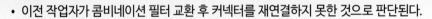

- 이전 작업자가 콤비네이션 필터 교환 후 커넥터를 재연결하지 못한 것으로 판단된다.
- LIN Bus 점검 시 회로의 구성이 복잡하므로 회로를 잘 보고 판단하여 한다.

차량정보

모델	· CLS 500
차종	· 218
차량 등록	· 2014년 04월
주행 거리	· 54,183km

23
주행 중 모든 전기 장치가 꺼지고 켜진다

고객불만

주행 중 간헐적으로 모든 전기 장치가 꺼지고 켜진다.

☑ 그림 23.1 218 차량 전면

153

진단 순서

이전 정비사가 일주일 정도 점검하던 중에 작업을 부여받았다. 차량을 전자 점검하기 위하여 Xentry test를 실시하였다. 다수의 컨트롤 유닛에 CAN 통신 불량 고장 코드를 확인하였다.

N93, 센트럴 게이트웨이 – U001988 : Interior CAN communication has a malfunction. Bus OFF. 인테리어 CAN 통신 불량. U001911 : Interior CAN communication has a malfunction. There is a short circuit to ground. 즉, 인테리어 CAN 통신 기능에 이상이 발생하였다. U118000 : The interior CAN network management is unstable. – Current and stored. 인테리어 CAN 상태가 정상적이지 않음을 확인하였다.

N93 - Central gateway (CGW [ZGW]) -f-

Model	Part number	Supplier	Version
Hardware	231 901 40 00	Bosch	10/20 01
Software	231 902 15 01	Bosch	12/16 80
Boot software	---	---	12/16 80

Diagnosis identifier		020302	Control unit variant		BR231_MOPF212

	Fault	Text			Status
	U001988	Interior CAN communication has a malfunction. Bus OFF			
		Name	First occurrence	Last occurrence	
		Value of main odometer reading	54176.00km	54176.00km	
		Frequency counter	---	34	
		Number of ignition cycles since the last occurrence of the fault	---	3	
	U001911	Interior CAN communication has a malfunction. There is a short circuit to ground.			S
		Name	First occurrence	Last occurrence	
		Value of main odometer reading	54176.00km	54176.00km	
		Frequency counter	---	14	
		Number of ignition cycles since the last occurrence of the fault	---	3	
	Event	Text			Status
	U118000	The interior CAN network management is unstable. _			S
		Name	First occurrence	Last occurrence	
		Value of main odometer reading	54176.00km	54176.00km	
		Frequency counter	---	14	
		Number of ignition cycles since the last occurrence of the fault	---	3	

S=STORED

A80 - Shift module (ISM) -i-

Model	Part number	Supplier	Version
Hardware	005 446 19 10	Continental	11/30 00
Software	012 448 46 10	Continental	08/24 00
Software	011 448 99 10	Continental	12/11 00
Boot software	---	---	08/24 00

Diagnosis identifier		000018	Control unit variant		_0018_MTC820U1
	Event	Text			Status
	U010187	Communication with control unit "Transmission" has a malfunction. The message is missing.			S

☑ 그림 23.2 N93, Central gateway, 센트럴 게이트웨이 내부 고장 코드

해당 고장 코드에 의거하여 가이드 테스트를 실시하였다. N10/1, 프런트 샘의 상태가 정상이어야 한다는 요구사항이 확인되었다. 관련된 인테리어 CAN 관련 배선 점검이 요구되는 내용을 그림 23.3에서 보여주고 있다.

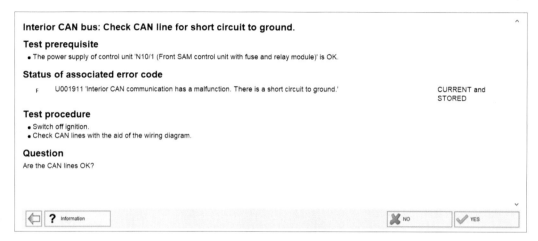

☑ 그림 23.3 가이드 테스트

그림 23.4에서는 관련된 컨트롤 유닛을 교환할 필요는 없으며, 인테리어 CAN 통신에 일시적으로 증상이 발생된 경우라면 CAN 통신을 스스로 일시적으로 닫을 수 있으니, 고객 불만이 없으면 고장 코드는 지워도 되고, 증상이 자주 발생되면 해당 전기 배선이나 커넥터를 점검하여 접속 상태가 느슨한지, 접속이 불량 또는 내부에 부식이 발생하였는지 확인하라는 내용이다.

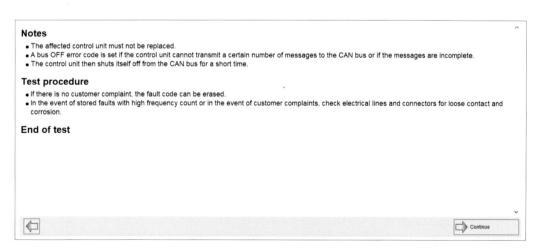

☑ 그림 23.4 가이드 테스트 결과

그림 23.5는 X30/32, 좌측 발판 인테리어 CAN 분배기의 회로 구성을 보여주고 있다.

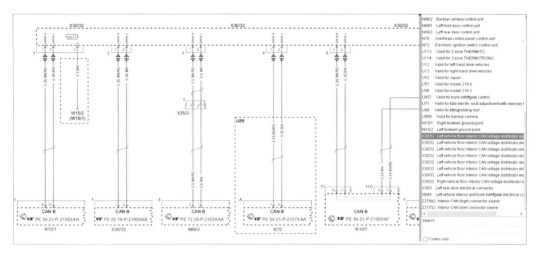

☑ **그림 23.5** X30/32, 좌측 발판 인테리어 CAN 분배기 회로

그림 23.6에서는 X30/32, 좌측 발판 인테리어 CAN의 장착 위치를 보여주고 있다.

인테리어 CAN 분배기, X30/32, X30/33 CAN-L : 2.3V, CAN-H : 2.7V를 확인하였다.

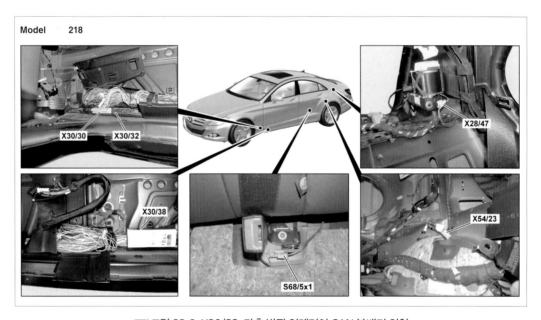

☑ **그림 23.6** X30/32, 좌측 발판 인테리어 CAN 분배기 위치

리어 범퍼 탈착 후 블라인드 스팟 레이더 센서를 점검하고, 리어 PTS 센서를 점검하였으나 특이 사항은 없었다.

앞 범퍼를 탈착하고 프런트 레이더 센서, PTS 센서, 전조등 배선을 점검하였으나 특이 사항은 없었다.

트렁크 리드 배선과 후방 카메라 배선을 점검하였으나 특이 사항은 없었다.

프런트 섐, 리어 섐, EIS, 계기판, OCP, 도어 배선, A 필러와 C 필러 배선을 점검하였다.

점검 중에 운전석 도어를 강하게 닫거나, 운전석 대시보드 하단 충격을 발생 시 해당 증상이 발생함을 확인하였다.

대시보드 탈착 후 인스트루먼트 멤버에 설치된 전기 배선의 육안 점검을 실시하였다.

☑ 그림 23.7 인테리어 CAN 전기 배선의 단락

대시보드 내부의 와이어링 하네스에서 인테리어 CAN의 전기 배선이 무릎 에어백의 브래킷 옆면에 마찰되어 피복이 손상되었다.

배선 손상 확인

☑ 그림 23.8 인테리어 CAN 전기 배선의 피복 손상

손상된 인테리어 CAN 배선 피복은 수리하고, 추가로 펠트 스트립을 부착하여 손상을 방지하는 작업을 실시하였다.

☑ 그림 23.9 인테리어 CAN 전기 배선의 피복 수리 보강 작업 실시

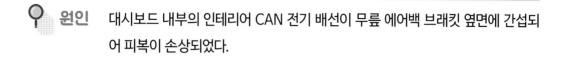

트러블의 원인과 수정

🔍 **원인**   대시보드 내부의 인테리어 CAN 전기 배선이 무릎 에어백 브래킷 옆면에 간섭되어 피복이 손상되었다.

🔍 **수정**   대시보드 내부의 손상된 인테리어 CAN 전기 배선의 피복을 수리하고, 손상 방지를 위하여 펠트 스트립을 부착하였다.

참고사항 ✏️

해당 차량은 주행 중 모든 전기 장치가 간헐적으로 꺼지고 켜지는 증상이 발생되어 점검하였는데, 차량의 증상을 확인하고 진단하는데 많은 시간이 소요되었다.

Mercedes-Benz

212

24

배터리 경고등이 점등한다

 차량정보

모델	• E 350
차종	• 212
차량 등록	• 2011년 07월
주행 거리	• 43,139km

 고객불만

주행 중 배터리 경고등이 점등한다.

☑ 그림 24.1   212 차량 전면

진단 순서

이전 정비사가 일주일 정도 점검하다가 작업을 부여받았다. 차량이 등록일에 비해서 주행거리는 짧았다. 정비 이력은 배터리와 발전기 그리고 엔진 컨트롤 유닛 (ME)을 교환하였다. 차량의 배터리 전압을 점검하기 위해 그림 24.2처럼 계기판에서 화면을 설정하여 배터리 전압을 확인하였다. 초기 시동 시에는 약 14V 정도로 확인되었으나, 서서히 전압이 하강하였다.

☑ 그림 24.2 계기판 전원 점검

엔진 시동 상태로 서서히 전압이 내려가더니 약 10V 이하에서 배터리 경고등이 점등되었다.

☑ 그림 24.3 계기판 배터리 경고등 점등

차량을 전자 점검하기 위하여 Xentry test를 실시하였다. 그림 24.4에서 보이듯이 대다수의 컨트롤 유닛에서 B210A00 – The power supply in the system is too low – Current and stored. 즉, 배터리 공급 전압이 낮다는 고장 코드를 현재형으로 확인할 수 있었다.

N93 - Central gateway (CGW [ZGW]) -i-

Model		Part number	Supplier		Version
Hardware		212 545 10 01	Bosch		08/43 01
Software		212 902 99 04	Bosch		10/29 75
Boot software		---	---		10/29 75

Diagnosis identifier		020151		Control unit variant		172_E01A

	Event	Text				Status
	B210A00	The power supply in the system is too low. _				S
		Name		**First occurrence**	**Last occurrence**	
		Value of main odometer reading		43168.00km	43168.00km	
		Frequency counter		---	3	
		Number of ignition cycles since the last occurrence of the fault		---	1	

S=STORED

A80 - Shift module (ISM) -f-

Model		Part number	Supplier		Version
Hardware		005 446 18 10	Continental		10/26 00
Software		012 448 46 10	Continental		08/24 00
Software		011 448 99 10	Continental		12/11 00
Boot software		---	---		08/24 00

Diagnosis identifier		000018		Control unit variant		_0018_MTC820U1

	Fault	Text				Status
	B210A00	The power supply in the system is too low.				S
		Name		**First occurrence**	**Last occurrence**	
		Battery voltage		9.39V	8.69V	
		Temperature at component 'A80 (Intelligent servo module for DIRECT SELECT)'		26.00°C	21.00°C	
		Position A80 (Intelligent servo module for DIRECT SELECT)		30.94°	30.94°	
		Frequency counter		---	7.00	
		Main odometer reading		43184.00km	43184.00km	
		Number of ignition cycles since the last occurrence of the fault		---	16.00	

S=STORED

☑ 그림 24.4 Xentry 진단후 고장 코드

그림 24.5에서 보이듯이 차량을 멀티미터를 이용하여 배터리 전압과 저항을 점검하였다.

☑ 그림 24.5 멀티미터 이용하여 전압, 저항 점검

차량을 육안 점검 중 그림 24.6에서 보이듯이 변속기 부근의 차체 접지 단자의 외부 부식을 확인하게 되었다. 열화로 인하여 부식이 상당히 진행된 상태로 보였다.

☑ **그림 24.6** 차체 접지 케이블 단자 부식

그림 24.7은 EPC 상에서 부품의 위치를 보여주고 있다.

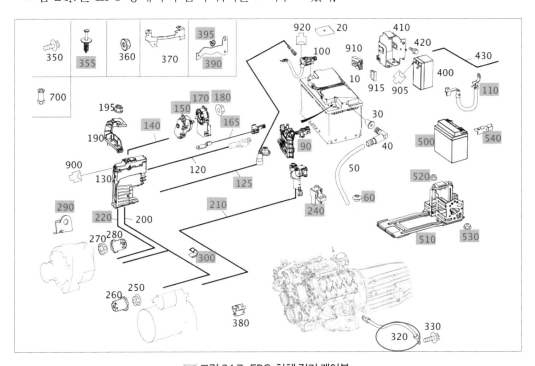

☑ **그림 24.7** EPC, 차체 접지 케이블

트러블의 원인과 수정

 원인   엔진 접지 케이블과 차체 사이에 부식이 발생하였다.

 수정   엔진 접지 케이블을 교환하고, 차체 접지 부위를 수리하였다.

참고사항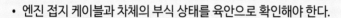

- 엔진 접지 케이블과 차체의 부식 상태를 육안으로 확인해야 한다.
- 배선 접지 단자는 무의식적으로 지나칠 수 있으나, 매우 중요하므로, 풀림이 없는지 반드시 확인해 줄 필요가 있다. 특히 하체의 경우 수분이나, 바닷물 그리고 겨울의 염화칼슘 등에 의해서 부식 손상되는 경우가 있으므로 주의하도록 한다.

차량정보

모델	· GLC 200
차종	· 253
차량 등록	· 2020년 01월
주행 거리	· 600km

25

커맨드에 도난방지 기능이 작동하였다

 고객불만

커맨드에 도난방지 기능이 작동하고, 에어백과 액티브 보닛 기능 이상 경고등이 점등한다.

☑ **그림 25.1**　253 차량 전면

진단 순서

커맨드에 도난 방지 기능이 작동하여 커맨드 디스플레이가 작동하지 않음을 확인하고, 에어백과 액티브 보닛 기능 이상 경고등이 점등됨을 확인하였다.

그림 25.2는 계기판에 에어백 관련 경고등이 점등됨을 보여주고 있다.

☑ 그림 25.2 에어백 관련 경고등 점등

그림 25.3은 액티브 보닛 경고등이 점등됨을 보여주고 있으며, 추가적으로 차량의 대다수의 기능이 미작동됨을 확인하였다.

☑ 그림 25.3 액티브 보닛 경고등 점등

차량을 전자 점검하기 위하여 Xentry test를 실시하였다. 그림 25.4에서 보이듯이 N73 – Electronic ignition lock (EZS) 전자 점화 락 스위치에서 U006488 : Communication with the user interface CAN bus has a malfunction. Bus OFF – Curent and stored, 사용자 매체 CAN 통신에 기능 이상이 발생하였다. 통신 불량 – 현재형과 저장됨으로 확인되었다.

N73 - Electronic ignition lock (EZS) -F-

Model	Part number	Supplier		Version
Hardware	213 901 79 03	Kostal		16/18 001
Software	213 902 71 20	Kostal		18/27 010
Boot software	---	---		15/08 000

Diagnosis identifier		02F00B	Control unit variant		EZS213_EZS213_Rel_21

Fault	Text				Status
U006488	Communication with the user interface CAN bus has a malfunction. Bus OFF				A+S
	Name		First occurrence	Last occurrence	
	Frequency counter		---	9.00	
	Main odometer reading		Odometer value not available / Default	Odometer value not available / Default	
	Number of ignition cycles since the last occurrence of the fault		---	0.00	

Event	Text				Status
U119887	Communication with the intelligent servo module (ISM) has a malfunction. The message is missing.				S
	Name		First occurrence	Last occurrence	
	Frequency counter		---	1.00	
	Main odometer reading		Odometer value not available / Default	Odometer value not available / Default	
	Number of ignition cycles since the last occurrence of the fault		---	3.00	

S=STORED, A+S=CURRENT and STORED

N127 - Control unit 'Powertrain' (PTCU) -F-

Model	Part number	Supplier	Version
Hardware	000 901 11 07	Continental	18/27 000
Software	000 902 89 49	Continental	19/05 000
Software	000 903 30 35	Continental	19/07 000
Boot software	000 904 92 00	Continental	17/28 000

Diagnosis identifier		023E1F	Control unit variant	CPC_NG_R18B1

Fault	Text		Status
U014787	Communication with the control unit 'Head unit' has a malfunction. The message is missing.		A+S

☑ 그림 25.4 Xentry 점검 고장 코드

해당 고장 코드에 의거하여 가이드 테스트를 진행하였다. 그림 25.5에서 보이듯이 관련된 컨트롤 유닛을 반드시 교환할 필요는 없으며, 고객 불만이 지속되는 경우에는 관련된 CAN 통신 배선과 커넥터의 헐거움, 접속 상태, 부식 등 특이 사항을 점검하라는 내용이다.

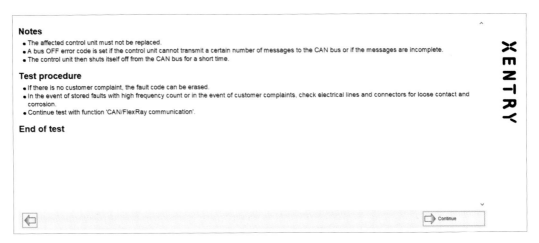

그림 25.5 가이드 테스트 결과

X30/20, User interface CAN을 점검하기로 하였다.

그림 25.6에서 보이듯이 X30/20, User interface CAN, 사용자 매체 CAN 회로를 찾아서 연결된 컨트롤 유닛과의 통신 관련 관계를 점검하였다.

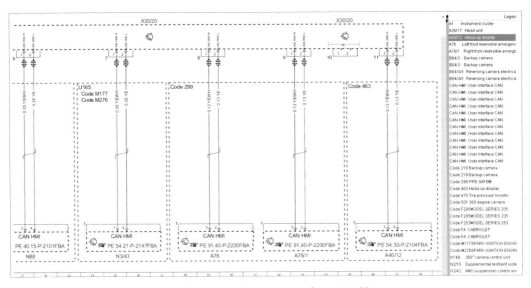

그림 25.6 X30/20, User interface CAN 회로

그림 25.6은 X30/20, User interface CAN, 사용자 매체 CAN, CAN HMI 분배기의 위치를 보여주고 있다. 전방 우측 발판 부근에 위치하고 있음을 확인하였다.

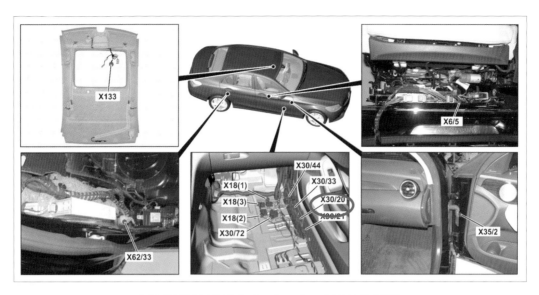

✓ **그림 25.7** X30/20, User interface CAN 분배기 위치

X30/20, User interface CAN, 사용자 매체 CAN은 CAN HMI로 표기한다.
그림 25.8은 X30/20, CAN_HMI_H의 측정 전압을 보여주고 있다.
측정 전압이 0.018V로 비정상 전압임을 판단할 수 있었다.

✓ **그림 25.8** X30/20, CAN_HMI_H 전압 측정

그림 25.9은 X30/20, CAN_HMI_L의 측정 전압을 보여주고 있다.
측정 전압이 0.503V로 비정상 전압임을 판단할 수 있었다.

☑ **그림 25.9** X30/20, CAN_HMI_L 전압 측정

그림 25.10은 X30/20, CAN_HMI_H와 차체 접지 간 절연 저항 측정값을 보여주고 있다.
측정 절연 저항값이 8.6Ω으로 비정상임을 판단할 수 있었다.

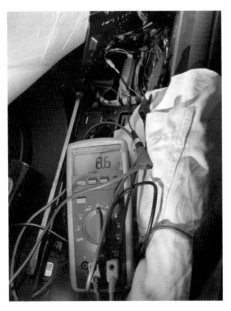

☑ **그림 25.10** X30/20, CAN_HMI_H와 차체 접지 간 절연 저항 측정

그림 25.11은 X30/20, CAN_HMI_L와 차체 접지 간 절연 저항 측정값을 보여주고 있다. 측정 절연 저항값이 19.06Ω으로 비정상임을 판단할 수 있었다.

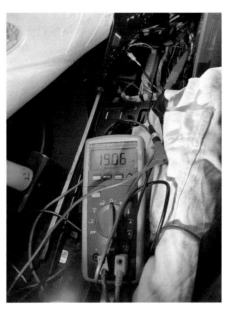

☑ **그림 25.11** X30/20, CAN_HMI_L와 차체 접지 간 절연 저항 측정

해당 증상 관련 X30/20, CAN HMI 배선을 점검하기 위하여 대시보드를 탈거하고 헤드업 디스플레이 배선을 점검하였다.

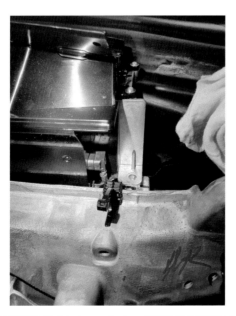

☑ **그림 25.12** Heda up display, 헤드업 디스플레이 점검

그림 25.13에서 헤드업 디스플레이 브래킷 하단에서 CAN HMI 배선 점검 시 눌린 상태로 조립되어 있음을 육안으로 확인하였다.

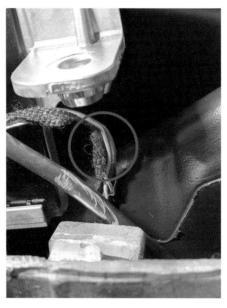

☑ **그림 25.13** Head up display, CAN HMI 배선 손상 확인

그림 25.14에서 보이듯이 CAN HMI 통신 배선이 헤드업 디스플레이 브래킷과 인스트루먼트 멤버 중간에 끼어서 눌림으로 인하여 변형이 되고 차체에 단락이 된 것으로 판단된다.

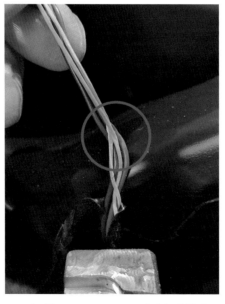

☑ **그림 25.14** CAN HMI 배선 손상 확인

트러블의 원인과 수정

 원인 User interface CAN, CAN HMI 배선이 헤드업 디스플레이 브래킷과 인스트루먼트 멤버 중간에 끼어서 눌림으로 인하여 배선의 피복이 손상되고 차체와 단락되어 X30/20 CAN_HMI 통신의 붕괴를 발생시켰다.

 수정 손상된 User interface CAN, CAN HMI 배선을 수리하였다.

참고사항

- 전자 부품 관련 배선 조립 시 손상이 되지 않도록 주의를 요구한다.
- 규정 CAN 전압 – CAN_H : 약 2.75V, CAN_L : 약 2.25V.
- 규정 절연 저항 – X30/20 CAN_HMI with ground : ∞.

Mercedes-Benz 470

차량정보

모델	· X 350 d
차종	· 470
차량 등록	· 2019년 01월
주행 거리	· 6,432km

26
주행 중 모든 전기장치가 꺼지고 켜진다

고객불만

- 주행 중 모든 전기 장치가 꺼지고 켜진다.
- 차량 키 인식 불가 경고등이 점등되고, 프리세이프 경고등이 점등된다.

☑ 그림 26.1 470 차량 전면

진단 순서

Van 팀장이 점검하다가 작업을 전달받았다. 차량 시동 이후 증상은 없었으나, 주행 후 증상을 확인할 수 있었다. 주행 중에 키 인식 불가 경고등과 프리세이프 경고등이 점등하였다. 약간의 차량의 움직임이 발생 시 계기판의 모든 전원이 꺼지고 켜지기를 반복하였다.

☑ **그림 26.2 키인식 불가 경고등 점등**

그림 26.2에서 보이듯이 키 인식 불가 경고등과 그림 26.3 프리세이프 기능 제한됨 경고등은 주행 후 서로 교차 점등하였다.

☑ **그림 26.3 프리세이프 기능 제한됨 경고등 점등**

차량을 전자 점검하기 위하여 Xentry test를 실시하였다.

그림 26.4는 N93, 중앙 게이트웨이 내부의 고장 코드를 보여주고 있다.

N93 - Central gateway (CGW [ZGW]) -i-

Model	Part number	Supplier (Supplier ID)	Version
Hardware	470 901 77 00	Continental	18/11 000
Software	470 902 57 02	Continental	18/21 000
Boot software	470 904 13 00	Continental (158)	18/17 001

Diagnosis identifier	028208	Control unit variant	HGW470_R09
Manufacturer-specific serial number	A2C7577801300A1890200 F13		

Event	Text			Status
B00DF14	The 'Deactivate front passenger airbag' switch has a malfunction. There is a short circuit to ground or an open circuit.			S
	Name	**First occurrence**	**Last occurrence**	
	Frequency counter	---	1	
	Main odometer reading	7712km	7712km	
	Number of ignition cycles since the last occurrence of the fault	---	15	
U014087	Communication with the signal acquisition and actuation module has a malfunction. The message is missing.			S
	Name	**First occurrence**	**Last occurrence**	
	Frequency counter	---	27	
	Main odometer reading	7696km	7744km	
	Number of ignition cycles since the last occurrence of the fault	---	3	
U143300	An implausible signal 'Status of circuit 15' was received. _			S
	Name	**First occurrence**	**Last occurrence**	
	Frequency counter	---	24	
	Main odometer reading	7696km	7744km	
	Number of ignition cycles since the last occurrence of the fault	---	4	

S=STORED

☑ 그림 26.4 N93, Central gateway – CGW(중앙 게이트웨이) 내부 고장 코드

그림 26.5는 N10/1, SAM(샘) 내부의 고장 코드를 보여주고 있다. 전원 공급 관련 릴레이와 통신 관련 이상 기능이 다수 연관되어 있음을 확인하였다.

N10/1 - Signal acquisition and actuation module (SAM) -F-

Model	Part number	Supplier	Version
Hardware	470 901 59 00	---	---

Diagnosis identifier	000058	Control unit variant	BCM470_N_H60B_BCM470 _OM642_20180711_AS_W ith_IKEY

Fault	Text			Status
U100000	Error on transmission of CAN message			S
	Name	**First occurrence**	**Last occurrence**	
	Number of ignition cycles since the last occurrence of the fault	---	2	
U041500	Implausible data were received from control unit 'ESP®'.			S
	Name	**First occurrence**	**Last occurrence**	
	Number of ignition cycles since the last occurrence of the fault	---	2	
B255700	The signals for determining speed are implausible.			A+S
	Name	**First occurrence**	**Last occurrence**	
	Number of ignition cycles since the last occurrence of the fault	---	0	
B260100	The position of the component 'Selector lever slider' is implausible.			S
	Name	**First occurrence**	**Last occurrence**	
	Number of ignition cycles since the last occurrence of the fault	---	2	
B260F00	Control unit 'Combustion engine' has a malfunction. There is a signal fault or the message is faulty.			S
	Name	**First occurrence**	**Last occurrence**	
	Number of ignition cycles since the last occurrence of the fault	---	2	
B261200	The component 'Electric steering lock' has a malfunction. There is an implausible signal.			S
B26EF00	The component 'Relay 'Electric steering lock' has a malfunction.			S
B26F200	The component 'Relay 'Circuit 30'' has a malfunction. There is an implausible signal.			S
	Name	**First occurrence**	**Last occurrence**	
	Number of ignition cycles since the last occurrence of the fault	---	8	
B26E700	Communication with the tire pressure monitor has a malfunction.			S
	Name	**First occurrence**	**Last occurrence**	
	Number of ignition cycles since the last occurrence of the fault	---	2	

S=STORED, A+S=CURRENT and STORED

☑ 그림 26.5 N10/1, SAM(샘) 내부 고장 코드

엔진룸의 접지 포인트를 점검하고, 접지 포인트의 페인트 코팅을 제거하였다. N10/1, SAM(샘)의 배선과 커넥터를 점검하였으나 정상이었다. 작업 중 점검 시 차량에는 트레일러 장착 시 추가로 브레이크 제동을 위한 REDARC 전자 브레이크가 설치되어 있었다. 추가 장착된 전자 브레이크 유닛과 배선과 작동 상태를 점검하였으나 정상이었다.

☑ 그림 26.6 REDARC 전자 브레이크 유닛

그림 26.7은 N93, Central gateway(중앙 게이트웨이)와 N10/1의 회로를 보여주고 있다.

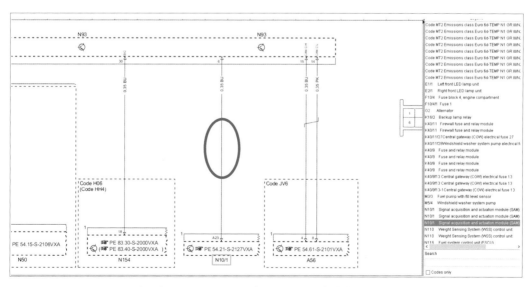

☑ 그림 26.7 N93, Central gateway, 중앙 게이트 웨이 회로

그림 26.8은 N93, Central gateway(중앙 게이트웨이)의 커넥터 연결 상태를 보여주고 있다.

☑ **그림 26.8** N93, Central gateway(중앙 게이트웨이) 연결 상태

그림 26.9의 파란색 커넥터 커버 내부의 검은색 커넥터가 우측 상단 고정 레일에서 분리되어 있음을 육안으로 확인하였다. 특히 파란색 배선은 N10/1, SAM(샘)과 연결된 배선이었다.

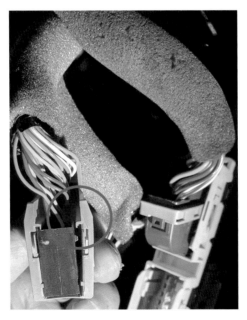

☑ **그림 26.9** 중앙 게이트웨이 파란색 커넥터 커버 분리

트러블의 원인과 수정

 원인
- 파란색 커넥터가 N93, 중앙 게이트웨이에 정확하게 장착되지 않았다.

- 전기 배선 신호 라인 (N93-Con2-Pin6과 N10/1-Con1_PinA23)의 접촉 불량이다.

 수정   파란색 커넥터를 탈착 후 정확한 위치로 재조립하였다.

참고사항

해당 차량은 Nissan의 차량 시스템과 병행하여 판매하고 있다. 시스템이 약간 상이하여 증상과 내용을 판단하는데 시간이 소요되었다.

Mercedes-Benz

 차량정보

모델	· A 200
차종	· 176
차량 등록	· 2018월 06월
주행 거리	· 18,593km

27

액티브 보닛 경고등이 점등하였다

 고객불만 ─────────────

액티브 보닛 경고등이 점등하였다.

☑ 그림 27.1 176 차량 전면

진단 순서

이전 정비사가 점검하다가 작업을 전달받았다.

계기판에 액티브 보닛 경고등이 점등됨을 확인하였다.

차량을 전자 점검하기 위하여 Xentry test를 실시하였다.

N2/10, SRS 컨트롤 유닛 내부의 고장 코드 B273112 – The squib for the right rear engine hood lifter has a malfunction. There is a short circuit to positive. Current and stored. 즉, 리어 우측 엔진 후드 리프터에 기능 이상이 발생하였다. 단락이 발생하였다. 현재형과 저장됨을 확인하였고 이외에도 그림 27.2에서 보이듯이 추가의 고장 코드를 확인할 수 있었다.

N2/10 - Supplemental restraint system (SRS) -F-

Model	Part number	Supplier		Version
Hardware	117 901 72 01	Bosch		15/38 00
Software	117 902 11 02	Bosch		16/08 00
Software	176 903 20 00	Bosch		15/43 00
Software	176 903 19 00	Bosch		15/19 00
Boot software	---	---		13/08 00

Diagnosis identifier		00400B	Control unit variant		Sample_0x00400B

Fault	Text			Status
B273112	The squib for the right rear engine hood lifter has a malfunction. There is a short circuit to positive.			A+S
	Name	First occurrence	Last occurrence	
	Frequency counter	---	81	
	Main odometer reading	18416km	18592km	
	Number of ignition cycles since the last occurrence of the fault	---	0	
B273013	The squib for the left rear engine hood lifter has a malfunction. There is an open circuit.			S
	Name	First occurrence	Last occurrence	
	Frequency counter	---	2	
	Main odometer reading	18592km	18592km	
	Number of ignition cycles since the last occurrence of the fault	---	4	
B273687	The left sensor for function 'Active engine hood' has a malfunction. The message is missing.			A+S
	Name	First occurrence	Last occurrence	
	Frequency counter	---	10	
	Main odometer reading	18416km	18448km	
	Number of ignition cycles since the last occurrence of the fault	---	0	
B27312B	The squib for the right rear engine hood lifter has a malfunction. The electrical lines have a short circuit to each other.			S
	Name	First occurrence	Last occurrence	
	Frequency counter	---	1	
	Main odometer reading	18448km	18448km	
	Number of ignition cycles since the last occurrence of the fault	---	32	
B273695	The left sensor for function 'Active engine hood' has a malfunction. The mechanical setup is not OK.			S
B220600	The current vehicle identification number is incorrect or not present. _			S
	Name	First occurrence	Last occurrence	
	Frequency counter	---	1	
	Main odometer reading	NOT AVAILABLE	NOT AVAILABLE	
	Number of ignition cycles since the last occurrence of the fault	---	41	

S=STORED, A+S=CURRENT and STORED

☑ **그림 27.2** N2/10, SRS 컨트롤 유닛 내부 고장 코드

고장 코드 B273112으로 가이드 테스트를 실시하면 그림 27.3과 같은 결과를 볼 수 있었다.

R12/50x1 (Electrical connection for right active engine hood squib)를 점검하고 수리하라는 내용이다.

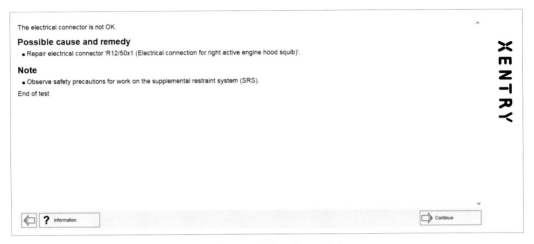

The electrical connector is not OK.

Possible cause and remedy
- Repair electrical connector 'R12/50x1 (Electrical connection for right active engine hood squib)'.

Note
- Observe safety precautions for work on the supplemental restraint system (SRS).
End of test

? Information   Continue

☑ **그림 27.3 가이드 테스트 결과**

실제 값을 점검해 보니 그림 27.4에서 보이듯이 R12/50 (Right rear active engine hood squib) − 10.00Ω(규정 값 : 1.2 ~ 6.0)이 확인되었다. 좌측은 정상이었으나, 우측은 저항이 규정보다 높음을 확인하였다.

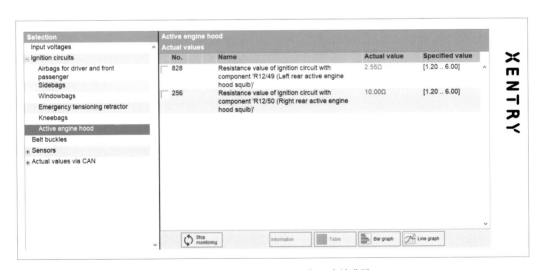

	No.	Name	Actual value	Specified value
	828	Resistance value of ignition circuit with component 'R12/49 (Left rear active engine hood squib)'	2.55Ω	[1.20 .. 6.00]
	256	Resistance value of ignition circuit with component 'R12/50 (Right rear active engine hood squib)'	10.00Ω	[1.20 .. 6.00]

Selection: Input voltages / Ignition circuits (Airbags for driver and front passenger, Sidebags, Windowbags, Emergency tensioning retractor, Kneebags, Active engine hood), Belt buckles, Sensors, Actual values via CAN

Active engine hood / Actual values

Stop monitoring   Information   Table   Bar graph   Line graph

☑ **그림 27.4 Active engine hood 실제 값**

단품 저항 점검 시 R12/50은 2.5Ω, R12/49는 2.5Ω로 정상이었다.

회로 전압 점검 시 R12/49X1는 1.1V로 정상이었으나, R12/50X1는 6.1V로 비정상이었다.

그림 27.5는 R12/50, Right active engine hood squib(우측 액티브 엔진 후드 회로)를 보여주고 있다.

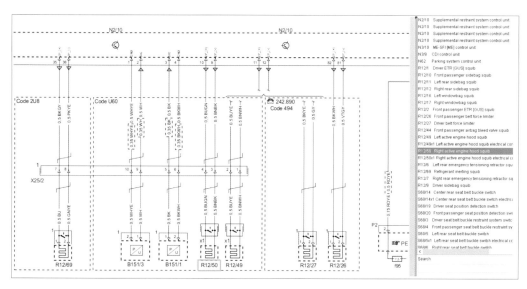

☑ **그림 27.5** R12/50, Right active engine hood squib 회로

그림 27.6는 X25/2(1), Engine compartment/vehicle interior electrical connector (엔진 룸/차량 내부 배선 커넥터) 장착 위치를 보여주고 있다.

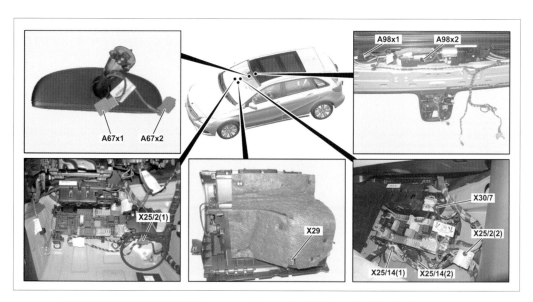

☑ **그림 27.6** X25/2(1), Engine compartment / vehicle interior electrical connector

그림 27.7에서는 Engine compartment/vehicle interior electrical connector(엔진룸/차량 내부 배선 커넥터)의 전압을 측정하였다. 커넥터에서 전압 6.1V를 확인할 수 있었다.

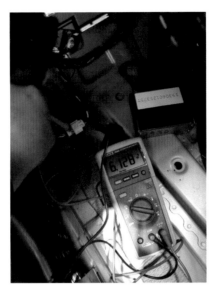

☑ **그림 27.7** X25/2(1), Engine compartment/vehicle interior electrical connector 전압

X25/2(1) 커넥터 외부를 육안 점검해 보니 납땜이 흘러서 3개 배선 핀에 부착이 되어 있음을 확인하였다. 그림 27.8에서는 커넥터 외부에 납땜이 흘러서 부착된 모습을 보여주고 있다.

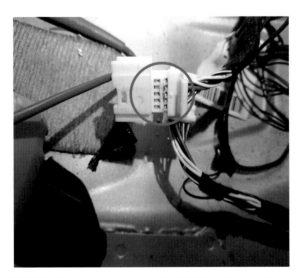

☑ **그림 27.8** X25/2(1), Engine compartment/vehicle interior electrical connector 단락

X25/2(1) 커넥터에 부착된 납땜을 제거 후 진단기로 점검 시 그림 27.9에서 보이듯이 규정 값 이내의 실제 값을 확인할 수 있었다.

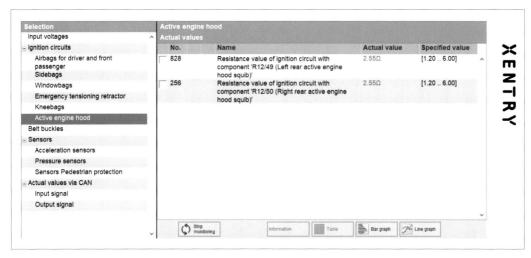

☑ **그림 27.9** Active engine hood 정상 실제 값

트러블의 원인과 수정

 원인　외부 작업 후 납땜이 흘러서 X25/2(1), Engine compartment/vehicle interior electrical connector(엔진 룸 / 차량 인테리어 전기 커넥터)에 부착되었다.

 수정　X25/2(1) 커넥터에 부착된 납땜을 제거하였다.

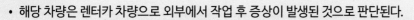

참고사항

- 해당 차량은 렌터카 차량으로 외부에서 작업 후 증상이 발생된 것으로 판단된다.
- X25/2(1) 커넥터의 Pin 3,4,5의 납땜 제거 후 정상 작동을 확인하였다.

Mercedes-Benz 117

차량정보

모델	· CLA 250 4Matic
차종	· 117
차량 등록	· 2017월 12월
주행 거리	· 40,475km

28

액티브 브레이크 어시스트 경고등이 점등한다

 고객불만

> 액티브 브레이크 어시스트 기능 이상 경고등이 점등 하였다.

☑ 그림 28.1 117 차량 전면

진단 순서

동일 증상으로 2회 이전에 점검한 이력을 확인하였다. 계기판에 액티브 브레이크 어시스트 경고등이 점등됨을 확인하였다. 차량을 전자 점검하기 위하여 Xentry test를 실시하였다.

그림 28.2에서 보이듯이 A90, Collision prevention assist(충돌 방지 보조) 컨트롤 유닛의 내부에 C10C700 : The control unit 'Collision prevention assist' has a malfunction. The radar sensor is maladjusted - Stored and stored. 즉, 충돌 방지 보조 컨트롤 기능 이상이 발생하였다. 레이더 센서가 잘못 조정됨, 현재형과 저장됨을 확인하였다.

A90 - Control unit 'COLLISION PREVENTION ASSIST' (SG-AWF)				-i-
Model	**Part number**	**Supplier**	**Version**	
Hardware	000 901 85 04	Autoliv	15/36 00	
Software	000 902 40 35	Autoliv	16/30 00	
Boot software	---	---	13/06 01	
Diagnosis identifier	000306	Control unit variant	CPA30_000306	

Event	Text			Status
C10C700	The control unit 'COLLISION PREVENTION ASSIST' has a malfunction. The radar sensor is maladjusted.			A+S
	Name	**First occurrence**	**Last occurrence**	
	Frequency counter	---	46	
	Main odometer reading	49344.00km	50464.00km	
	Number of ignition cycles since the last occurrence of the fault	---	0	

A+S=CURRENT and STORED

☑ 그림 28.2 A90, Collision prevention assist (충돌 방지 보조) 컨트롤 유닛

그림 28.3은 가이드 테스트 결과를 보여주고 있다. 해당 증상의 발생이 가능한 원인과 추가로 점검할 사항을 제시하고 있다.

XENTRY ⊕ Mercedes-Benz

Possible cause and remedy
- The radar sensor is maladjusted.
- Check contact surface of sensor for residues or dirt.
- The attachment and the installation position of the component 'A90 (COLLISION PREVENTION ASSIST controller unit)' are not correct.
- Make sure that the subharness of the component 'A90 (COLLISION PREVENTION ASSIST controller unit)' has been routed correctly. (See picture)
- Check alignment of sensor mount.

⊗**Caution!**
Do not replace the component in this case.

Repair information:
- If the component 'A90 (COLLISION PREVENTION ASSIST controller unit)' has not been replaced, the damage code of the component causing the fault must be used. (Front bumper, Bracket...)

You will be guided through the following steps:
- Resetting of learned values of component 'A90 (COLLISION PREVENTION ASSIST controller unit)'
- Updating of SCN coding
- Clear fault memory

Continue with button 'Continue'

☑ **그림 28.3** 가이드 테스트 결과

앞 범퍼를 탈착하고 A90, Collision prevention assist (충돌 방지 보조) 컨트롤 유닛을 확인하였다. 레이더 센서 고정 브래킷은 정상적으로 고정되어 있었다.

☑ **그림 28.4** A90, Collision prevention assist (충돌 방지 보조) 컨트롤 유닛 위치

앞 범퍼를 점검 중 범퍼 내부 가이드 고정 브래킷이 손상되어 있음을 육안으로 확인하였다.

앞 범퍼 내부 가이드 고정 브래킷이 손상되어, 차량이 주행 중 A90, Collision prevention assist(충돌 방지 보조) 컨트롤 유닛 고정 브래킷을 직·간접적으로 움직여주고 있었다.

☑ 그림 28.5 앞 범퍼 내부 가이드 고정 브래킷 손상됨

트러블의 원인과 수정

 원인　앞 범퍼 내부 가이드 고정 브래킷이 손상되었다.

 수정　앞 범퍼 내부 가이드 고정 커버를 교환하였다.

참고사항

- A90, Collision prevention assist (충돌 방지 보조) 컨트롤 유닛은 레이더 센서 일체형이다. 해당 차량의 CPA 레이더 센서 커버는 기존에 신품으로 교환하였으나, 앞 범퍼 내부 가이드 고정 브래킷의 손상으로 인하여 주행 중 CPA 레이더 센서가 직간접적으로 움직여지고, 흔들려서 해당 경고등이 점등된 것으로 판단된다.

- 차량 전면에서는 외부 손상을 판단하기 어려웠으나 내부가 손상되어 있듯이, 필요 시 범퍼를 탈착하여 육안 점검을 실시하도록 한다.

190
Mercedes-Benz

🚗 차량정보

모델	• AMG GT ROADSTER
차종	• 190
차량 등록	• 2017월 12월
주행 거리	• 5,439km

29

브레이크 마모 경고등이
간헐적으로 점등한다

 고객불만

브레이크 마모 경고등이 간헐적으로 점등한다.

☑ 그림 29.1   190 차량 전면

진단 순서

주행 중 브레이크 마모 경고등이 점등되고 사라짐을 확인하였다. 브레이크 패드의 마모를 점검하였으나 마모 상태는 양호하였다. 차량을 전자 점검하기 위하여 Xentry test를 실시하였다. 그림 29.2에서 보이듯이 리어 브레이크 라이닝의 마모 센서 상태가 비정상을 확인하였다.

진단기를 보면서 점검하고 있으면 리어 브레이크 라이닝의 실제 값이 OK와 NOT OK를 간헐적으로 번갈아 가면서 변화되고 있음을 확인하였다.

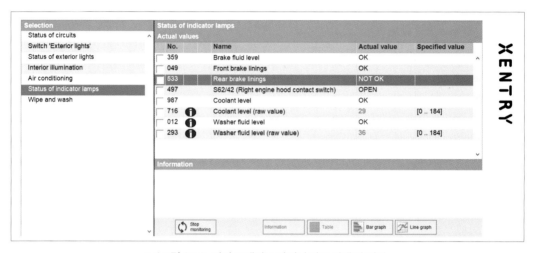

☑ **그림 29.2 리어 브레이크 라이닝 마모 실제 값 점검**

리어 브레이크 라이닝 마모 센서는 리어 좌측 휠 부근에 장착되어 있다. 리어 좌측 휠을 탈착하고 브레이크 패드 마모 센서를 탈착하여 육안 점검을 실시하였으나 특이 사항과 외부 손상이 없음을 확인하였고, 재장착하니 증상이 동일하였다.

☑ **그림 29.3 브레이크 마모 센서 점검**

그림 29.4는 리어 브레이크 마모 센서 연결 회로를 보여주고 있다. S10/3가 리어 좌측 마모 센서인데 N10/1, Front SAM (프런트 샘)과 연결되어 있음을 확인하였다.

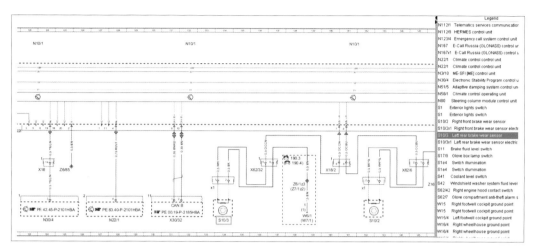

☑ **그림 29.4** 리어 브레이크 마모 센서 회로

동반석 발판 앞에 N10/1, Front SAM (프런트 샘)이 설치되어 있어서 리어 브레이크 라이닝 마모 센서 관련 와이어링을 점검하였다.

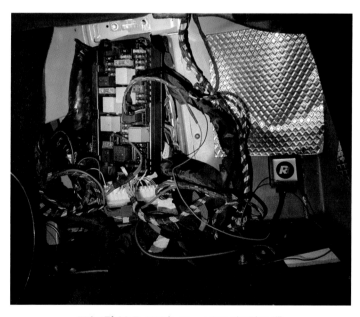

☑ **그림 29.5** N10/1, Front SAM(프런트 샘)

점검 중 X18/2, Cockpit / vehicle interior electrical connector(조종실/차량 인테리어 전기 커넥터)에 추가로 외부 장착 부품 연결 커넥터가 연결되어 있음을 확인하였다.

☑ 그림 29.6 외부 장착 부품 연결 커넥터 연결됨

그림 29.7처럼 외부 장착 부품 연결 커넥터를 탈거하고, 직접 커넥터를 연결하였다.

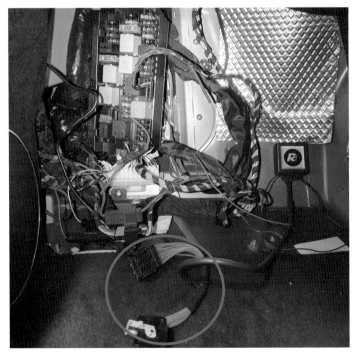

☑ 그림 29.7 외부 장착 부품 연결 커넥터 탈거

X18/2, Cockpit / vehicle interior electrical connector (조종실 / 차량 인테리어 전기 커넥터)로부터 외부 장착 부품 연결 커넥터를 탈거 후 그림 29.8에서처럼 리어 브레이크 라이닝 마모 실제 값은 OK로 확인되었으며, 더 이상의 이상 변화는 없었다.

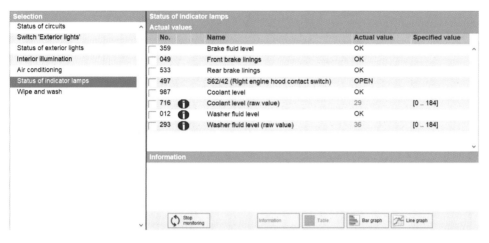

☑ **그림 29.8 브레이크 라이닝 마모 정상 실제 값**

트러블의 원인과 수정

 원인 X18/2, Cockpit / vehicle interior electrical connector (조종실 / 차량 인테리어 전기 커넥터)에 외부 장착 부품이 연결되어 있다.

 수정 X18/2, Cockpit / vehicle interior electrical connector (조종실 / 차량 인테리어 전기 커넥터)로부터 외부 장착 부품을 분리하였다.

참고사항

외부 장착 부품이 차량의 신호를 방해하여 오류를 발생시킨 것으로 판단된다.

차량정보

모델	· C 63 AMG S
차종	· 205
차량 등록	· 2016월 04월
주행 거리	· 42,918km

30

램프 기능 이상 경고등이 점등한다

 고객불만

램프 기능 경고등이 점등한다.

☑ 그림 30.1 205 차량 전면

진단 순서

계기판의 다기능 표시창에 램프 기능 경고등이 점등됨을 확인하였다.

☑ **그림 30.2** 계기판 경고등 점등 확인

그림 30.3에서 보이듯이 계기판의 다기능 표시창에 전압은 14.6V로 확인되었다.

☑ **그림 30.3** 계기판 전압 확인

차량을 전자 점검하기 위하여 Xentry test를 실시하였다. Rear SAM 내부에 P060B96 : There is an internal control unit fault in the analog/digital converter. There is an internal component fault – Stored. 즉, 아날로그/디지털 컨버터의 내부 기능 이상이 발생하였다 – 저장됨을 확인하였다. 그리고 B21F517 : The power supply of circuit 30.1 is outside the valid range와 B21F617 : The power supply of circuit 30.2 is

outside the valid range. The limit value for electrical voltage has been exceeded
− Current and stored, 즉, 전원 공급 회로 30.1과 전원 공급 회로 30.2가 규정을 벗어
났다. 전압이 최대 값을 초과하였음을 확인하였다. 대체로 Frequency counter(발생 빈
도)가 1회 이상으로 확인되므로 일시적인 오류는 아닌 것으로 확인할 수 있다.

N10/8 - Rear signal acquisition and actuation module (Rear SAM) -F-

Model	Part number	Supplier		Version
Hardware	222 901 11 03	Hella		13/09 001
Software	222 902 89 04	Hella		14/13 000
Boot software	---	---		12/06 005
Diagnosis identifier	020014	Control unit variant		BC_R222_E18

Fault	Text			Status
P060B96	There is an internal control unit fault in the analog/digital converter. There is an internal component fault.			S
	Name	First occurrence	Last occurrence	
	Frequency counter	---	4	
	Main odometer reading	42880km	42912km	
	Number of ignition cycles since the last occurrence of the fault	---	1	
C107D86	Status "Circuit 54" is implausible. There is an incorrect signal.			A+S
	Name	First occurrence	Last occurrence	
	Frequency counter	---	3	
	Main odometer reading	42864km	42912km	
	Number of ignition cycles since the last occurrence of the fault	---	0	
B164A49	The left rear turn signal lamp has a malfunction. There is an internal electrical fault.			S
	Name	First occurrence	Last occurrence	
	Frequency counter	---	2	
	Main odometer reading	42896km	42912km	
	Number of ignition cycles since the last occurrence of the fault	---	12	
B164B49	The right rear turn signal lamp has a malfunction. There is an internal electrical fault.			S
	Name	First occurrence	Last occurrence	
	Frequency counter	---	2	
	Main odometer reading	42896km	42912km	
	Number of ignition cycles since the last occurrence of the fault	---	12	

Event	Text			Status
B21F517	The power supply of circuit 30.1 is outside the valid range. The limit value for electrical voltage has been exceeded.			A+S
	Name	First occurrence	Last occurrence	
	Frequency counter	---	2	
	Main odometer reading	42880km	42912km	
	Number of ignition cycles since the last occurrence of the fault	---	0	
B21F617	The power supply of circuit 30.2 is outside the valid range. The limit value for electrical voltage has been exceeded.			A+S
	Name	First occurrence	Last occurrence	
	Frequency counter	---	2	

☑ 그림 30.4 Rear SAM 내부 고장 코드

가이드 테스트를 실시하였다. 그림 30.5에서 보이듯이 실제 값에서는 Voltage at circuit
회로 30_1 과 회로 30_2가 19.8V (규정 값 : 11.0 ~ 15.5V)임을 확인할 수 있다. 실제 값
이 규정 값을 초과한 것이다.

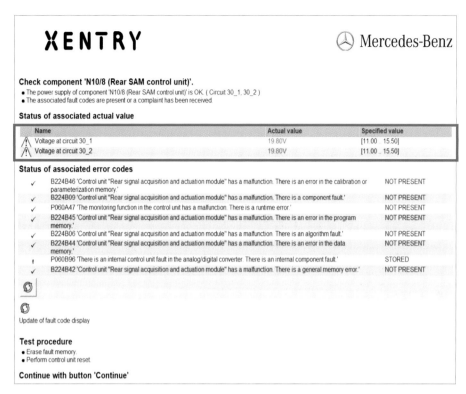

☑ 그림 30.5 가이드 테스트

그림 30.6에서는 Rear SAM 내부의 실제 값을 Xentry 진단기 화면에서 보여주고 있다.

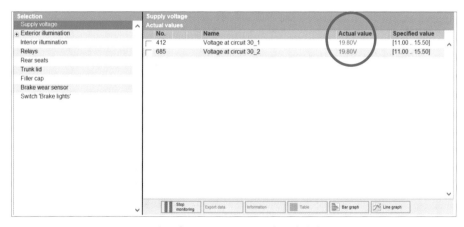

☑ 그림 30.6 Rear SAM 내부 실제 값

전원이 규정 값보다 상당히 높게 확인되어 회로를 확인하였다. Rear SAM의 실제 전압 값을 점검하기 위하여 Rear SAM 회로를 점검하였다. 그림 30.7에서 보이듯이 Rear SAM 내부의 PWR-1과 PWR-2가, 회로 30_1과 회로 30_2의 전원 회로임을 확인하였다.

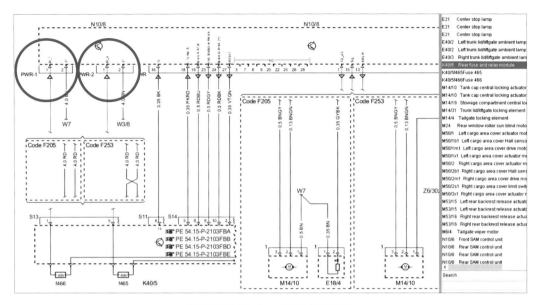

☑ 그림 30.7 Rear SAM 회로 점검

그림 30.8은 멀티미터로 PWR-1, 회로 30_1을 측정 시 약 14.4V로 확인되었다.

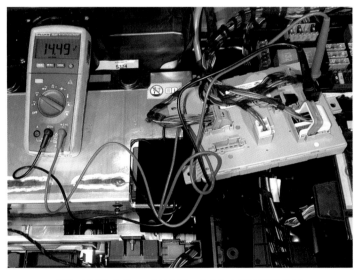

☑ 그림 30.8 Rear SAM Circuit 30_1 회로 전원 측정

그림 30.9는 멀티미터로 PWR-2, 회로 30_2를 측정 시 약 14.4V로 확인한 모습이다.

☑ 그림 30.9 Rear SAM Circuit 30_2 회로 전원 측정

실제 전원 측정값은 약 14V로 확인되었으나, 진단기 화면상에서는 약 19.8V로 확인되었다.

Rear SAM 내부 단락으로 판단되어 Rear SAM을 교환 후 점검 시 약 14.6V를 확인하였다.

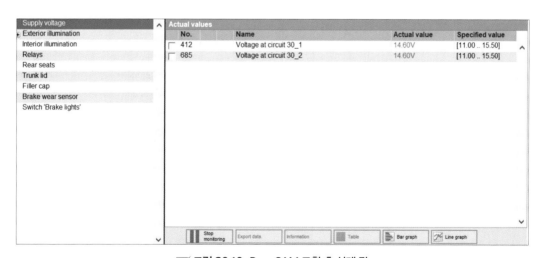

☑ 그림 30.10 Rear SAM 교환 후 실제 값

트러블의 원인과 수정

 원인   Rear SAM(리어 샘) 내부에 기능 이상이 발생하였다.

 수정   Rear SAM(리어 샘)을 교환하였다.

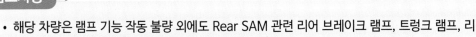 **참고사항**

- 해당 차량은 램프 기능 작동 불량 외에도 Rear SAM 관련 리어 브레이크 램프, 트렁크 램프, 리어 트렁크 작동 등의 작동 기능이 제한됨을 확인하였다.
- 외부 장착 부품은 확인할 수 없었으며, 접지 점검 시 부식이나 손상은 확인되지 않았다.

Mercedes-Benz

203

 차량정보

모델	· C 180 K
차종	· 203
차량 등록	· 2006월 11월
주행 거리	· 112,164km

31
엔진 경고등이 점등하였다

 고객불만

엔진 경고등이 점등하였다.

☑ 그림 31.1 203 차량 전면

진단 순서

계기판에 엔진 경고등이 점등됨을 확인하였다. 엔진의 시운전을 실시하였으나, 엔진의 흔들림이나 부조 등의 특이 사항은 없었으며, 차량의 작동 상태도 양호하였다. 차량을 전자 점검하기 위하여 Xentry test를 실시하였다. ME-SFI Motor electronics 엔진 컨트롤 유닛 내부에 fault code, 고장 코드, 201C-001 : Selfadaptation of mixture formation, The mixture is too rich in the part load range. [P0172] 즉, 혼합기 형성의 자가 적응, 부분 부하에서 혼합비가 농후하다. - Stored. 저장됨으로 확인되었다.

Battery voltage   13.56 V

EZS - Electronic ignition switch				- ✓ -
MB number	**HW version**	**SW version**	**Diagnosis version**	**Pin**
2095453308	34.2005	29.2005	0/9	101

ME-SFI - Motor electronics				- f -
MB number	**HW version**	**SW version**	**Diagnosis version**	**Pin**
0014466902	40.2004	34.2005	3/35	7

Code	**Text**		**Status**
201C-001	Selfadaptation of mixture formation , The mixture is too rich in the part load range. [P0172]	☼	STORED

ETC - Electronic transmission control				- ✓ -
MB number	**HW version**	**SW version**	**Diagnosis version**	**Pin**
0345454332	47.2005	19.2004	2/81	101

FW number	**FW number (data)**	**FW number (boot SW)**
A034545433		

ESM - Electronic selector module				- ✓ -
MB number	**HW version**	**SW version**	**Diagnosis version**	**Pin**
2095453432	35.2004	17.2004	1/17	101

ESP - Electronic stability program				- ✓ -
MB number	**HW version**	**SW version**	**Diagnosis version**	**Pin**
0365454032	27.2005	27.2005	1/7	101

☑ 그림 31.2 엔진 고장 코드 확인

그림 31.3에서는 엔진 컨트롤 유닛 내부의 고장 코드를 자세히 확인하기 위하여 고장 코드 내용을 자세히 확인하였다.

Fault codes

Control unit: MESE

Code	Text		Status
201C-001	Selfadaptation of mixture formation , The mixture is too rich in the part load range. [P0172]	☼	STORED

Name	Current values (first/last)	Unit
Frequency counter	8	
Engine load	14 | 13	%
Engine speed	648 | 650	1/min
Intake manifold pressure	341.00 | 341.00	hPa
Coolant temperature	83 | 93	°C
Intake air temperature	41 | 57	°C
Ignition angle	17.6 | 10.5	°
Throttle valve angle	14.1 | 14.1	%
Specified value of engine torque	32 | 32	Nm

☑ 그림 31.3 고장 코드 이력 확인

가이드 테스트를 실시하였다. 그림 31.4에서 보이듯이 특수 공구를 사용하여 과급 에어 시스템의 공기 누유를 확인하였다.

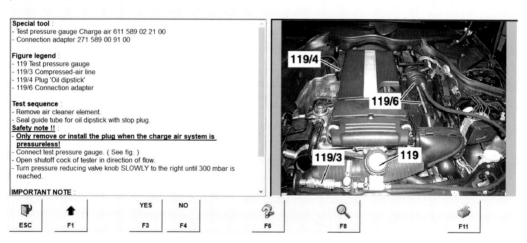

☑ 그림 31.4 가이드 테스트 실시

그림 31.5는 에어클리너를 탈거하고, 실제 차량에 특수 공구를 설치한 모습을 보여주고 있다. 일반적으로 300mbar까지 밸브를 열어 압력을 형성한 이후 밸브를 닫아서 천천히 게이지가 내려가면 정상이나, 급격히 떨어지는 경우 과급 공기의 누유를 의심해야 한다.

☑ **그림 31.5 특수 공구 설치**

특수 공구를 이용하여 점검 시 공기 압력이 급격히 떨어짐을 확인하였고, 공기 누유 소음이 들려서 확인한 결과 흡기 매니폴드와 연결된 크랭크 케이스 환기 호스가 손상됨을 확인하였다.

☑ **그림 31.6 크랭크 케이스 환기 호스 균열 손상**

그림 31.7은 EPC에서 크랭크 케이스 환기 호스들과 밸브의 위치를 보여주고 있다.

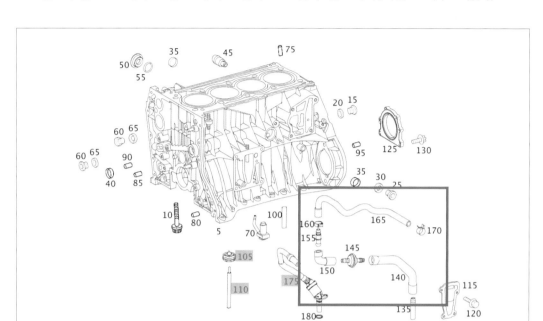

☑ 그림 31.7 EPC의 크랭크 케이스 환기 호스 부품

그림 31.8은 엔진에 장착된 크랭크 케이스 환기 호스 부품들을 보여주고 있다. 육안으로 점검 시 고무 재질의 호스들이 상당히 부식되어 있음을 확인할 수 있다.

☑ 그림 31.8 크랭크 케이스 환기 호스 장착 부품

해당 작업은 WIS상 AR09.50-P-4705QK에 의거하여 작업을 실시하였다. 일반적으로 Compressor(컴프레서), 탈거 후 작업이 가능하기 때문이다.

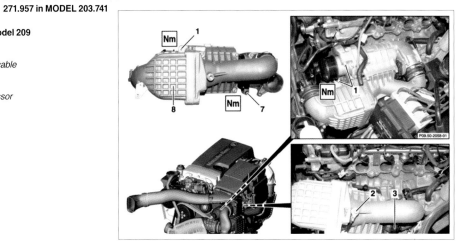

AR09.50-P-4705QK	Remove compressor, install	2.2.09

ENGINE   271.940 in MODEL 203.042 / 242 / 742, 209.342 / 442
ENGINE   271.941 in MODEL 211.042 / 242
ENGINE   271.946 in MODEL 203.046 / 246 / 746
ENGINE   271.948 in MODEL 203.040 / 240 / 740
ENGINE   271.942 in MODEL 209.343, 203.043 /243 / 743
ENGINE   271.921 in MODEL 203.730
ENGINE   271.955 in MODEL 209.341 / 441
ENGINE   271.956 in MODEL 221.041 / 241
ENGINE   271.957 in MODEL 203.741

Shown on model 209

1   Screw
2   Ground cable
3   Clutch
7   Screw
8   Compressor

☑ 그림 31.9 컴프레서 탈착 문서

그림 31.10에서는 작업 전 Self-adaptation의 실제 값을 보여주고 있다.

공회전 상태에서 엔진의 자가 적응 실제 값이 1.99mg/TDC(규정 : −1.00~1.00)으로 규정 값을 초과하였음을 보여주고 있다.

Self-adaptation

Control unit: MESE

No.	Name	Specified value	Actual values	Unit
431	Self-adaptation enabled	NO/YES	NO/YES	
395	Self-adaptation in idle speed range	[-1.00...1.00]	1.99	mg/TDC
1800	Self-adaptation in lower partial-load range	[-25.000...25.0-00]	-1.356	%
1801	Self-adaptation in upper partial-load range	[-25.000...25.0-00]	-5.285	%

☑ 그림 31.10 작업 전 Self-adaptation 자가 적응 실제 값

그림 31.11은 작업 후 Self-adaptation 자가 적응 실제 값을 보여주고 있다.

공회전 상태에서 엔진의 자가 적응 실제 값이 −0.02mg/TDC (규정 : −1.00~1.00)으로 규정 값 이내에 위치하고 있다.

Self-adaptation

Control unit: MESE

No.	Name	Specified value	Actual values	Unit
431	Self-adaptation enabled	NO/YES	NO/YES	
395	Self-adaptation in idle speed range	[-1.00...1.00]	-0.02	mg/TDC
1800	Self-adaptation in lower partial-load range	[-25.000...25.0-00]	-1.356	%
1801	Self-adaptation in upper partial-load range	[-25.000...25.0-00]	-5.285	%

☑ 그림 31.11 작업 후 Self-adaptation 자가 적응 실제 값

트러블의 원인과 수정

원인   크랭크 케이스 환기 호스에 균열이 발생하였다.

수정   크랭크 케이스 환기 호스 관련 부품을 교환하였다.

참고사항

해당 차량은 크랭크 케이스 환기 호스의 균열 손상으로 인하여 엔진 경고등이 발생되었다. 작업 후 시운전을 실시하고 Self adaptation을 충분히 확인하여 실제 값이 규정 값 이내에 위치하는지 확인 후 출고하도록 한다.

차량정보

모델	· C 43 AMG
차종	· 205
차량 등록	· 2018월 05월
주행 거리	· 37,064km

32

능동적 차선 유지 보조 불가
경고 메시지가 점등하였다

 고객불만

Active lane keeping assist inoperative(능동적 차선 유지 보조 불가) 경고 메시지가 점등하였다.

☑ 그림 32.1　205 차량 전면

진단 순서

계기판에 Active lane keeping assist inoperative (능동적 차선 유지 보조 불가) 메시지가 점등됨을 확인하였다. 차량을 전자 점검하기 위하여 Xentry test를 실시하였다.

☑ 그림 32.2 계기판 경고등 점등

그림 32.3에서 보이듯이 A40/13 – Multifunction camera (stereo) (MFK)(다기능 카메라), 컨트롤 유닛 내부에 Event B228600 : The calibration of the control unit has been lost or was not carried out. 즉, 컨트롤 유닛의 보정이 손실되었거나 실행이 이루어지지 않았다. – Current and stored. 현재와 저장형으로 확인되었다.

XENTRY ⓜ Mercedes-Benz

A40/13 - Multifunction camera (stereo) (MFK) -i-

Model	Part number	Supplier		Version
Hardware	207 901 41 00	ADC		12/48 000
Software	253 902 29 05	ADC		17/12 002
Boot software	---	---		12/40 000

Diagnosis identifier	000014	Control unit variant	SMPC222_SMPC222_AEJ 14_000020

Event	Text			Status
B228600	The calibration of the control unit has been lost or was not carried out. _			A+S
	Name	First occurrence	Last occurrence	
	Cycle counter	118179	4599	
	Temperature	50.00°C	---	
	Vehicle speed	59	---	
	Internal fault code	---	ALGO_CAMERA_TOL ERANCE_VIOLATION	
	Frequency counter	---	11.00	
	Main odometer reading	37008.00km	37056.00km	
	Number of ignition cycles since the last occurrence of the fault	---	0.00	

A+S=CURRENT and STORED

☑ 그림 32.3 Multifunction camera(다기능 카메라) 고장 코드

Multifunction camera(다기능 카메라) 컨트롤 유닛의 내부 고장 코드를 확인하였다. 그림 32.4에서 보이듯이 최초 발생은 37,008km이고, 1회의 발생 빈도를 확인할 수 있다.

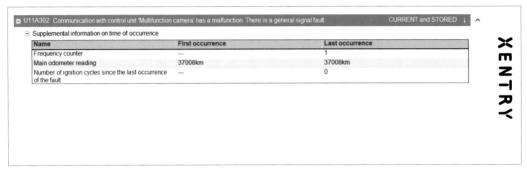

☑ 그림 32.4 다기능 카메라 고장 코드 확인

해당 고장 코드를 따라서 가이드 테스트를 진행하였다.

가능한 원인으로 다기능 카메라의 장착 상태와 전면 윈도의 브래킷의 설치 상태가 정상인지를 확인하고, 추가적으로 컨트롤 유닛의 보정 상태를 확인하라는 내용을 확인할 수 있다.

☑ 그림 32.5 다기능 카메라 고장 코드 가이드 테스트

Multifunction camera(다기능 카메라) 컨트롤 유닛의 실제 값을 확인하였다.

그림 32.6에서 보이듯이 Pitch angle의 실제 값이 3.79° (−3.00~3.00)으로 규정 값을 초과하고 있음을 확인할 수 있다.

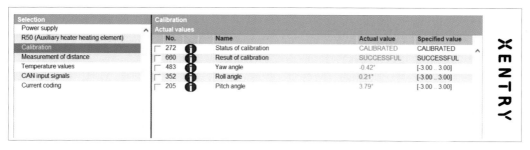

☑ **그림 32.6** 다기능 카메라 실제 값

Multifunction camera(다기능 카메라) 컨트롤 유닛의 장착 상태를 점검하였다. 그림 32.7에서 보이듯이 다기능 카메라를 탈착 후 점검을 실시하였다. 레인 센서와 다기능 카메라의 장착 상태를 점검 시 정상적으로 장착되어 있었다.

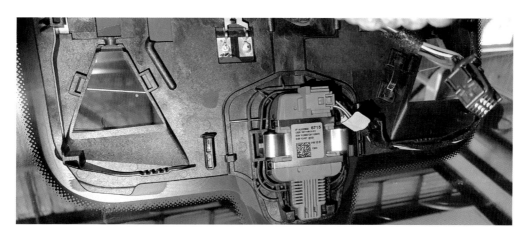

☑ **그림 32.7** 전면 윈도 중앙 브래킷 상태

육안으로 점검 시 다기능 카메라 전면 고정 브래킷의 고정 마운트가 없음을 확인하였다. 해당 차량의 전면 윈도 브래킷의 형상이 순정 부품과 동일하지 않으므로 전면 카메라의 고정 부분이 정상적으로 고정되지 못하고, 주행 중 흔들거리며 위치하고 있었던 것이다.

☑ 그림 32.8 전면 윈도 중앙 브래킷 상태

전면 유리를 점검 시 제조사의 순정 부품으로 장착되어 있지 않음을 확인할 수 있다. AUSTRALIAN AUTOGLASS에서 제조된 것으로 확인되었다.

☑ 그림 32.9 비 순정 부품 전면 유리 장착

트러블의 원인과 수정

원인 비 순정 부품 전면 유리가 장착되었다.

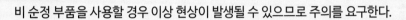

수정 제조사 순정 부품 전면 유리로 교환하고, 다기능 카메라의 캘리브레이션을 실시
하였다.

참고사항

비 순정 부품을 사용할 경우 이상 현상이 발생될 수 있으므로 주의를 요구한다.

177

Mercedes-Benz

 차량정보

모델	A 250
차종	177
차량 등록	2020월 09월
주행 거리	52,896km

33

공조기 작동 시 진동이 발생한다

 고객불만

공조기 작동 시 진동이 발생한다.

☑ 그림 33.1 177 차량 전면

진단 순서

공조기의 블로워 속도를 중간 이상으로 올리면 차량 내부에 진동이 발생함을 확인하였다. 차량을 전자 점검하기 위하여 Xentry test를 실시하였다. N10/1 – Signal acquisition and actuation module – Automatic climate control (SAM)(자동 공조기 샘) – 내부의 고장 코드는 확인되지 않았다.

N10*1 - Signal acquisition and actuation module - Automatic climate control (SAM) -✓-

Model	Part number	Supplier	Version
Hardware	247 901 79 01	Continental	17/41 003
Software	247 902 21 04	Continental	19/30 000
Diagnosis identifier	001017	Control unit variant	HVAC177_R_15

N69/1 - Left front door (DCU-LF) -✓-

Model	Part number	Supplier	Version
Hardware	177 901 35 02	Temic	17/34 000
Software	177 902 10 12	Temic	19/17 000
Boot software	---	---	16/22 000
Diagnosis identifier	00850C	Control unit variant	DMFL177_DM177_Rel13

LIN: N69/3 - Left rear door (DCU-LR) -✓-

Model	Part number	Supplier	Version
Hardware	177 901 39 02	Temic	17/34 000
Software	177 902 51 10	Temic	19/04 000
Boot software	---	---	16/22 000
Diagnosis identifier	00850C	Control unit variant	DMRL177_DM177_Rel13

☑ 그림 33.2 자동 공조기 고장 코드 점검

그림 33.3에서처럼 공조기의 플랩 모터의 작동 상태를 점검하였으나 실제 값은 규정 값 이내에 위치하였으며 특이 사항은 없었다.

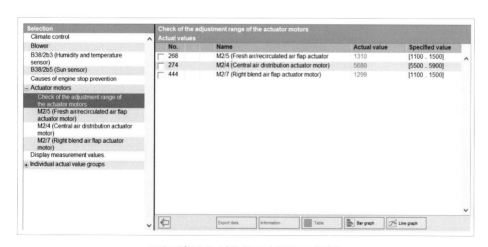

☑ 그림 33.3 자동 공조기 플랩 모터 점검

콤비네이션 필터의 상태를 점검하기 위하여 콤비네이션 필터를 탈거 후 육안 점검 시 그림 33.4처럼 낙엽과 이물질로 오염이 되어 있음을 확인하였다.

☑ **그림 33.4 콤비네이션 필터 점검**

블로워 모터를 점검하기 위하여 블로워 모터를 탈거 후 점검 시 내부에 낙엽이 위치하고 있음을 확인하였다. 블로워 모터 내부에 위치한 낙엽으로 인하여 블로워 모터가 중고속으로 회전 시 공진으로 인하여 차량 내부의 진동이 발생된 것으로 판단된다.

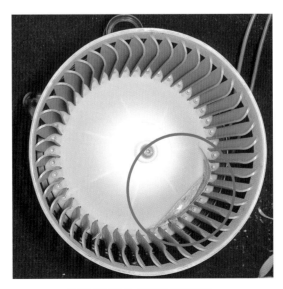

☑ **그림 33.5 블로워 모터 점검**

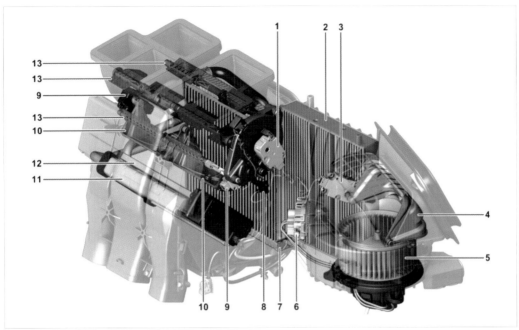

P83.40-55 52-09

Shown on front air conditioner housing with 2-zone automatic climate control

1	Central air distribution actuator motor	8	Evaporator temperature sensor
2	Activated charcoal fine particle filter	9	Blending air flap actuator motor
3	Fresh air/air recirulation flap actuator motor	10	Blending air flap
4	Fresh air/recirulated air flap	11	Heating system heat exchanger
5	Blower	12	PTC heater booster
6	Blower regulator	13	Air distribution flap
7	Evaporator		

☑ **그림 33.6 에어컨디셔너 하우징**

그림 33.6은 에어컨디셔너 하우징의 모습을 보여준다. 177 차량의 공조기 내부가 작고 협소함을 확인할 수 있다.

트러블의 원인과 수정

 원인 낙엽이 블로워 모터 내부에 위치하였다.

 수정 블로워 모터 내부에 위치한 낙엽을 제거하고, 오염된 콤비네이션 필터를 교환하였다.

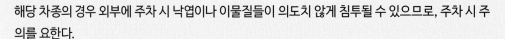

참고사항

해당 차종의 경우 외부에 주차 시 낙엽이나 이물질들이 의도치 않게 침투될 수 있으므로, 주차 시 주의를 요한다.

🚗 **차량정보**

모델	· ML 350
차종	· 166
차량 등록	· 2012월 10월
주행 거리	· 155,735km

34

전방 레이더 센서 교체 후
보정을 요청하였다

 고객불만

전방 레이더 센서를 교체 후 보정을 요청하였다.

☑ 그림 34.1   166 차량 전면

진단 순서

외부 업체에서 사고 수리 건으로 앞 범퍼와 각종 센서를 교환하였다. 특히 앞 범퍼의 장·단거리 레이더 센서를 교환하고 보정을 요청하였다. 해당 차량을 점검 시 다수의 능동 차선 유지 보조 기능과 차간 거리 유지 보조 기능 등의 경고등이 점등됨을 확인하였다.

차량을 전자 점검하기 위하여 Xentry test를 실시하였다.

N62/2 – Radar sensors control unit (SGR)(레이더 센서 컨트롤 유닛) 내부에 고장 코드를 확인하였다. Fault – 601000 : An internal control unit fault was detected, 즉, 내부 컨트롤 유닛의 고장을 감지하였음을 확인하였다.

특히 Event – 531100 : CAN communication with component 'B29/3 (Right front bumper DISTRONIC (DTR) sensor)' has a malfunction, 전방 우측 디스트로닉 센서의 캔 통신 기능 이상을 확인하였고, 521100 : CAN communication with component 'B29/2(Left front bumper DISTRONIC (DTR)sensor)' has a malfunction, 전방 좌측 디스트로닉 센서의 캔 통신 기능 이상을 확인하였다.

N62/2 - Radar sensors control unit (SGR) -F-

Model	Part number	Supplier	Version
Hardware	000 901 91 00	ADC	10/15 00
Software	000 902 94 08	ADC	11/37 00
Boot software	---	---	10/15 00

Diagnosis identifier	021011	Control unit variant	VRDU_021011

Fault	Text			Status
601000	An internal control unit fault was detected.			S
	Name	**First occurrence**	**Last occurrence**	
	Fault frequency	---	1.00	
	Main odometer reading	157728.00km	157728.00km	
	Number of ignition cycles since the last occurrence of the fault	---	39	
700300	The software release for the sensors of the short range radar is no longer up to date.			A+S
	Name	**First occurrence**	**Last occurrence**	
	Fault frequency	---	1.00	
	Main odometer reading	157728.00km	157728.00km	
	Number of ignition cycles since the last occurrence of the fault	---	0	
700200	The software release for the sensors of the short range radar is no longer up to date.			A+S
	Name	**First occurrence**	**Last occurrence**	
	Fault frequency	---	1.00	
	Main odometer reading	157728.00km	157728.00km	
	Number of ignition cycles since the last occurrence of the fault	---	0	

Event	Text			Status
531100	CAN communication with component 'B29/3 (Right front bumper DISTRONIC (DTR) sensor)' has a malfunction.			S
	Name	**First occurrence**	**Last occurrence**	
	Fault frequency	---	67.00	
	Main odometer reading	157728.00km	157728.00km	
	Number of ignition cycles since the last occurrence of the fault	---	39	
521100	CAN communication with component 'B29/2 (Left front bumper DISTRONIC (DTR) sensor)' has a malfunction.			S
	Name	**First occurrence**	**Last occurrence**	
	Fault frequency	---	67.00	
	Main odometer reading	157728.00km	157728.00km	
	Number of ignition cycles since the last occurrence of the fault	---	39	

S=STORED, A+S=CURRENT and STORED

☑ 그림 34.2 레이더 센서 고장 코드 확인

그림 34.3은 고장 코드를 통한 가이드 테스트 결과를 보여주고 있다. 가능한 원인으로는 레이더 센서의 장착 상태와 레이더 센서의 부품 번호를 확인하고 필요시 교환을 확인하였다.

☑ 그림 34.3 가이드 테스트 결과

앞 범퍼는 육안 점검 시 새로운 부품으로 교환된 것으로 확인되었으며, 전방 레이더 센서도 새 부품으로 교환되어 있음을 확인하였다.

전방 레이더 센서의 상태와 컨트롤 유닛의 프로그램 상태를 확인해 보았으나, 최근의 새로운 프로그램은 확인되지 않았다.

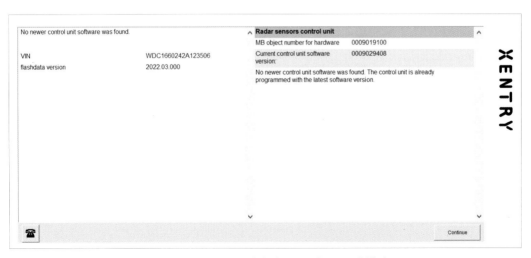

☑ 그림 34.4 레이더 센서 컨트롤 유닛 프로그램 확인

앞 범퍼를 탈착하고 점검을 실시하였다. 앞 범퍼 와이어링의 상태를 확인하고, PTS 센서와 장거리와 단거리 레이더 센서를 점검하던 중 특이 사항을 확인하였다.

단거리 레이더 센서의 좌, 우측 부품 번호가 EPC (전자 부품 카탈로그)에서 제시하는 번호와 동일하지 않음을 확인하였다.

☑ **그림 34.5** 장착된 전방 좌, 우 단거리 레이더 센서

그림 34.6은 EPC (부품 카탈로그) 상의 부품 번호를 제시하고 있다. 하지만 이미 장착된 전방 레이더 센서 부품은 옵션 코드가 다른 차량에서 장착되는 부품으로 확인되었다.

일반적으로 부품의 외형은 동일하게 보이나, 실제로 내부의 전자 통신 회로는 동일하지 않으므로, 부품을 검색할 때는 부품의 옵션과 코드를 확인하여 적절한 부품으로 장착해야 한다.

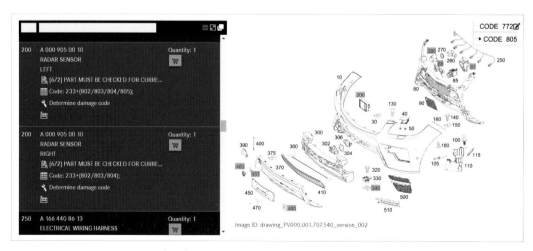

☑ **그림 34.6** EPC (부품 카탈로그)상의 부품 번호

추가적으로 전방 장거리 레이더 센서도 확인하는데 정확한 부품이 장착되어 있음을 확인하였다. 그리고 전방 레이더 센서 장착 브래킷도 새로운 부품으로 장착되어 있음을 확인하였다.

☑ **그림 34.7 전방 장거리 레이더 센서**

전방 레이더 센서의 회로도를 확인하고, 전압과 신호 상태를 점검하였으나 특이 사항은 발견되지 않았으며, 커넥터 내부의 부식이나 손상은 확인되지 않았다. 점검이 필요한 이유는 간혹 전방 범퍼 커넥터 내부의 부식이 확인되거나, 커넥터 조립 시 커넥터 핀의 손상이 발생되는 경우도 있기 때문이다.

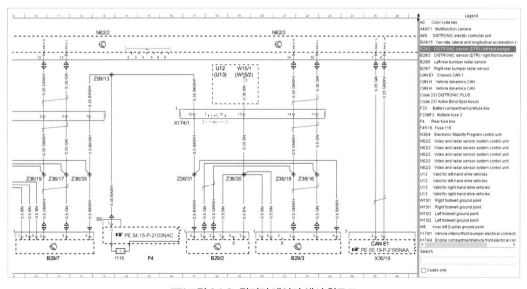

☑ **그림 34.8 단거리 레이더 센서 회로도**

전방 단거리 레이더 센서를 신품으로 주문하고, 입고된 부품을 확인하였다.

EPC (전자 부품 카탈로그) 상의 동일한 번호로 확인되었다. 레이더 센서의 경우 가격이 고액이므로 항상 운반이나, 작업 시 충격에 주의하여 작업해야 한다.

☑ 그림 34.9 전방 단거리 레이더 센서 단품

그림 34.10은 앞 범퍼에 장착된 전방 단거리 레이더 센서의 모습을 보여주고 있다. 해당 차량의 경우 앞 범퍼 탈착 없이 센서 커버 탈착 후 전방 단거리 레이더 센서의 교체가 가능하다.

☑ 그림 34.10 앞 범퍼에 장착된 전방 단거리 레이더 센서

전방 단거리 레이더 센서 교체 후 진단기로 주파수 카운터 재설정을 실시하였다. 그림 34.11에서는 주파수 카운터 재설정 화면을 보여주고 있다. 설정 이전에 갖춰야 할 항목으로는 센서가 정확하게 장착되어 있는지, WIS 상의 센서 정렬 상태가 정확한지 등의 전제 조건을 보여주고 있다. 아래 전제 조건이 최대한 맞는지 확인해야 한다.

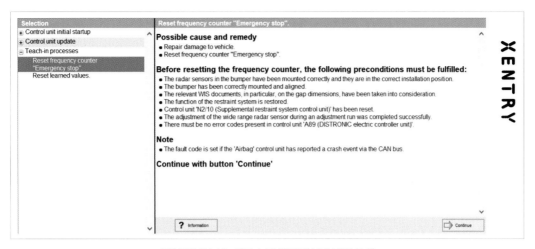

☑ **그림 34.11** 주파수 카운터 재설정 전제 조건

차종에 따라서 주행이 필요한 경우도 있다. 그러므로 차량의 재설정이나 세팅은 차량의
코드와 옵션에 의해 결정된다.

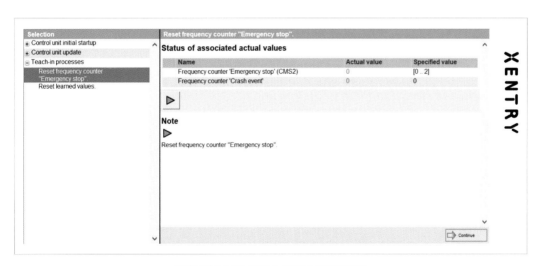

☑ **그림 34.12** 주파수 카운터 재설정 항목

그림 34.13는 N62/2, Video and radar sensorics control unit(비디오와 레이더 센서
컨트롤 유닛)의 학습 값을 재설정해 주었다.

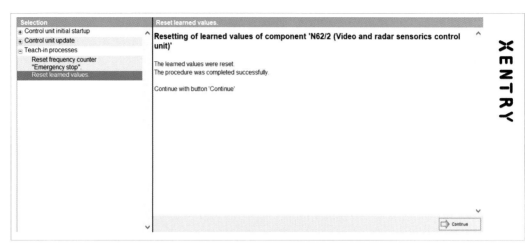

☑ 그림 34.13 학습 값 재설정

트러블의 원인과 수정

원인 부품 번호가 다른 전방 단거리 레이더 센서가 장착되어 있다.

수정 EPC (전자 부품 카탈로그)에서 제시하는 전방 단거리 레이더 센서로 교환하였다.

참고사항

차종에 따라서 옵션이나 코드에 따라서 부품 번호가 다르므로, 항상 부품 확인 시 옵션이나 코드를 확인하여 실수를 방지해야 한다.

166
Mercedes-Benz

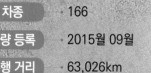
차량정보

모델	· GLE 250
차종	· 166
차량 등록	· 2015월 09월
주행 거리	· 63,026km

35
엔진 경고등이 점등하였다

고객불만

엔진 경고등이 점등하였다.

 그림 35.1 166 차량 전면

진단 순서

엔진 경고등이 점등됨을 확인하였다. 엔진 작동의 이상은 없었으나 경고등이 점등되어 입고하였다. 차량을 전자 점검하기 위하여 Xentry test를 실시하였다.

Name	First occurrence	Last occurrence
Total air mass	0.00Kg/h	0.00Kg/h
Air mass per cylinder	0.00kg	0.00kg
Development data (AFS_rNrm)	3.83-	3.83-
Signal 'Cycle duration' of component 'B2/7 (Right hot film mass air flow sensor)'	0.00us	0.00us
Signal 'Cycle duration' of component 'B2/6 (Left hot film mass air flow sensor)'	0.00us	0.00us
Boost pressure (filtered value)	1.01bar	1.01bar
Boost pressure	1.01bar	1.01bar
Intake air pressure (filtered value)	1.01bar	1.01bar
Development data (Air_pPCmpr2Us)	1.01bar	1.01bar
Intake air temperature	39.00degC	39.00degC
Charge air temperature	25.00degC	25.00degC
Air mass (specified value)	0.00kg	0.00kg
Development data (AirCtl_rCharAvgValNegRatResp)	0.00-	0.00-
Development data (AirCtl_rCharAvgValPosRatResp)	0.00-	0.00-
Exhaust gas recirculation rate (specified value)	0.00-	0.00-
Duty cycle of exhaust gas recirculation (specified value)	0.00%	0.00%
Return exhaust volume flow rate downstream of exhaust gas recirculation cooler	0.00Kg/h	0.00Kg/h
Exhaust gas recirculation rate	0.00%	0.00%
Battery voltage	0.00000V	0.00000V
Development data (BstCtl_facSlwResp)	0.00-	0.00-
Coolant temperature	63.00degC	63.00degC
Operating condition of combustion engine	0.00-	0.00-
Operating mode of combustion engine	0.00-	0.00-
Operating mode of combustion engine	1.00-	1.00-
Position of exhaust gas recirculation positioner (actual value)	0.00%	0.00%
Atmospheric pressure	1.02bar	1.02bar
Ambient temperature	12.00degC	12.00degC
Engine speed	0.00 1/min	0.00 1/min
Exhaust back pressure upstream of turbocharger	1.03bar	1.03bar
Power output of glow output stage	0.00%	0.00%
Specified idle speed	0.00 1/min	0.00 1/min
Current injection quantity	0.00mm^3/hub	0.00mm^3/hub
Lambda value	0.00-	0.00-
Duty cycle of the quantity control valve	0.00%	0.00%
Engine oil temperature	63.00degC	63.00degC
Development data (PCR_facCharValSlwResp)	0.00%	0.00%
Boost pressure (specified value)	1.18bar	1.18bar
On/off ratio of pressure regulator valve	0.00%	0.00%
Soot content of diesel particulate filter	0.00kg	0.00kg
Pressure differential in diesel particulate filter (soot content)	0.00bar	0.00bar
Rail pressure regulation	0.00-	0.00-
Rail pressure	8.63bar	8.63bar
Status of starter	28.00-	28.00-
Status of circuit 50	0.00-	0.00-
Position of throttle valve	0.00%	0.00%
Development data (TrbChLP_r)	0.00%	0.00%
Development data (TrbnByVlv_r)	0.00%	0.00%
Vehicle speed	0.00km/h	0.00km/h

⊖ Supplemental information on time of occurrence

Name	First occurrence	Last occurrence
Frequency counter	---	1.00
Main odometer reading	62662.00km	62662.00km
Number of ignition cycles since the last occurrence of the fault	---	0.00

☑ 그림 35.2 CDI 내부 고장 코드

CDI 컨트롤 유닛 내부에 P0101FD : Mass air flow sensor 1 has a malfunction, 흡입 공기량 센서 기능 이상, − Current and stored, 현재형과 저장형으로 확인되었다. 고장 코드에 의거하여 가이드 테스트를 진행하였다.

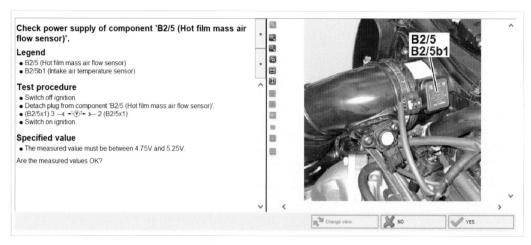

Check power supply of component 'B2/5 (Hot film mass air flow sensor)'.

Legend
- B2/5 (Hot film mass air flow sensor)
- B2/5b1 (Intake air temperature sensor)

Test procedure
- Switch off ignition.
- Detach plug from component 'B2/5 (Hot film mass air flow sensor)'.
- (B2/5x1) 3 ─◄ ─⊽─► ─ 2 (B2/5x1)
- Switch on ignition.

Specified value
- The measured value must be between 4.75V and 5.25V.

Are the measured values OK?

☑ 그림 35.3 가이드 테스트

B2/5, 핫 필름 공기량 센서를 점검하였다. 가이드 테스트에 의거하여 전원 점검 시 약 4.9V를 확인하였다. 가능한 원인으로는 핫필름 공기량 센서의 기능 이상으로 교환을 제시 받았다. 핫 플름 공기량 센서는 그림 35.4에서 보이듯이 에어클리너 하우징에 연결되어 있다.

☑ 그림 35.4 핫필름 공기량 센서

B2/5, 핫 필름 공기량 센서를 교환하기 위하여 에어클리너 하우징을 탈거 후 점검 시 에어클리너의 오염을 확인하고 핫 필름 공기량 센서와 에어클리너 엘리먼트를 교환하였다.

해당 항목은 CDI 컨트롤 유닛의 Adaptation, 어뎁테이션, 설정 요구 항목에 해당이 되므로, 해당 부품 교환후 진단기의 Adaptations, 어뎁테이션, 적응, 설정 항목에서 교환하였음을 재설정해 주어야 한다.

그림 35.5에서는 Xentry 전용 진단기 Adaptation, 어뎁테이션 설정 항목에서 교환 후의 학습 값 재설정에 관한 항목을 보여주고 있다.

Selection
- Control unit initial startup
- Control unit update
  - Updating of control unit software
  - Updating of SCN coding
- Configuration
  - Coding
    - Display of SCN
    - Display of CVN
    - Display of model check number
- Teach-in processes
  - Injector injection quantity adjustment
  - Activate fuel pump.
  - Teach in of intake port shutoff
  - Teach in of throttle valve stop
  - Perform teach-in process for component 'B16/15 (Temperature sensor upstream of SCR catalytic converter)'.
  - Teach-in process of component 'B28/8 (Differential pressure sensor (DPF))'
  - Teach-in process of component 'G3/2 (Oxygen sensor upstream of catalytic converter)'
  - Perform teach-in process for component 'Y129 (AdBlue® metering valve)'.
  - Teach-in process of component 'Y74 (Pressure regulating valve)'
  - Teach-in process of component 'Y94 (Quantity control valve)'
  - Quick teach-in of values of zero quantity calibration
  - Reset values of quantity mean value adaptation.
  - Reset values of HFM drift compensation.
  - Resetting of contamination level of air filter
  - Teach-in process after replacement of component 'Oxidation catalytic converter'
  - Teach-in of diesel particulate filter after replacement of control unit 'N3/9 (CDI control unit)'
  - Teach-in process after replacement of component 'Diesel particulate filter'
  - Reset learned values of components 'NOx sensor upstream of SCR catalytic converter' and 'NOx sensor downstream of SCR catalytic converter'.
  - Teach-in process after replacement of component 'Diesel particulate filter + Oxidation catalytic converter'
  - Reset learned values for AdBlue® metering.
  - Teach-in process after replacement of component 'SCR catalytic converter'
  - Enabling of engine start after crash event

☑ 그림 35.5 CDI 내부 어뎁테이션 설정 항목

B2/5, 핫 필름 공기량 센서는 진단기의 Reset values of HFM drift compensation (HFM 드리프트 보정 재설정) 항목의 부품에 해당된다.

Reset values of HFM drift compensation (HFM 드리프트 보정 재설정) 항목에는 B2/5, 핫 필름 공기량 센서 외에도 B28/8, DPF differential pressure sensor(DPF 차압 센서), G3/2, Oxygen sensor upstream of catalytic converter(촉매 변환기의 상단 산소센서), B4/6, Rail pressure sensor(레일 압력 센서), Leak in charge air system(과급 압력 공기 장치의 누유) 등의 관련 작업 이후에 학습 값을 재설정해야 한다.

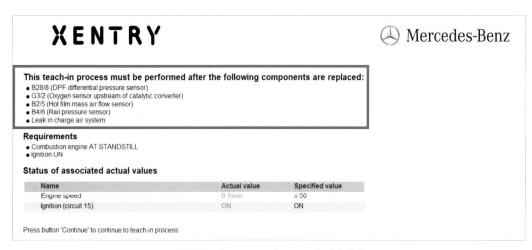

☑ 그림 35.6 HFM 드리프트 보정 재설정 항목

그림 35.7에서 보이듯이 HFM 드리프트 보정 재설정 항목에서는 학습 값 재설정 이전의 현재 실제 값을 보여주고 있다.

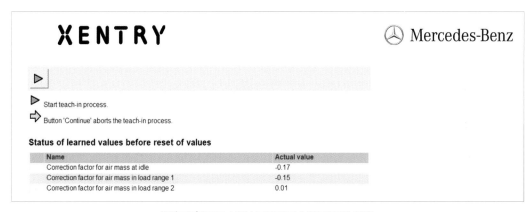

☑ 그림 35.7 HFM 드리프트 보정 재설정 이전

그림 35.8은 HFM 드리프트 보정 재설정 이후의 학습 값을 보여주며 이전 값과 이후 값의 차이를 보여주고 있다.

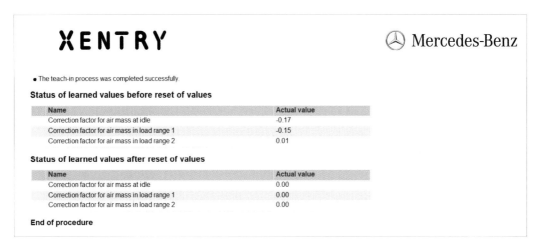

✓ 그림 35.8 HFM 드리프트 보정 재설정 이후

에어클리너 엘리먼트도 교환하고 Resetting of contamination level of air filter (에어 필터 오염 수준 재설정) 항목의 기존 학습값을 재설정 과정에 의거하여 학습 값을 재설정하였다.

그림 35.9는 엔진 구동 상태에서의 엔진의 실제 값을 보여주고 있다.

No.		Name	Actual value	Specified value
503		Engine speed	748 1/min	[725 .. 925]
853		Injection quantity	6.0mg/stroke	[3.0 .. 14.0]
564		Air mass	38.70kg/h	
680		B11/4 (Coolant temperature sensor)	82.8°C	[60.0 .. 95.0]
231		Vehicle mileage	63026km	
528		Total regenerations of diesel particulate filter	50	
000		Total distance at last regeneration	63236km	
054		Total distance at last correction of ash content	62891km	
179		Fill level of diesel particulate filter	53%	≤ 200
268		Ash content of diesel particulate filter	0.0g	≤ 9.0
935		B28/8 (DPF differential pressure sensor)	0.0bar	
266		Exhaust temperature upstream of turbocharger	133.5°C	[100.0 .. 666.0]
000		B19/9 (Temperature sensor upstream of diesel particulate filter)	115.8°C	[100.0 .. 666.0]
072		B19/7 (Temperature sensor upstream of catalytic converter)	102.1°C	[100.0 .. 666.0]
310		B16/15 (Temperature sensor upstream of SCR catalytic converter)	100.0°C	[100.0 .. 666.0]

✓ 그림 35.9 엔진 구동 시 실제 값

트러블의 원인과 수정

 원인　B2/5, 핫 필름 공기량 센서의 기능이 불량하다.

 수정　B2/5, 핫 필름 공기량 센서와 에어클리너 엘리먼트를 교환하고 학습 값을 재설
　　　　정하였다.

 참고사항

- 차종에 따라서 부품을 교환 후 재설정 해야 하는 항목이 있으므로, 해당 부품의 교환이나 관련
  작업 이후 학습 값을 재설정하도록 한다.

- 학습 값을 재설정하지 않으면 부품을 교환하고 나서도 기존에 저장된 학습 값 상태로 제어를 하
  기 때문에 작업 이후에도 증상이 동일한 경우도 있다.

차량정보

모델	· A 250
차종	· 177
차량 등록	· 2019월 06월
주행 거리	· 38,791km

36

ECO 기능이 작동하지 않는다

 고객불만

ECO 기능이 작동하지 않는다.

☑ 그림 36.1 177 차량 전면

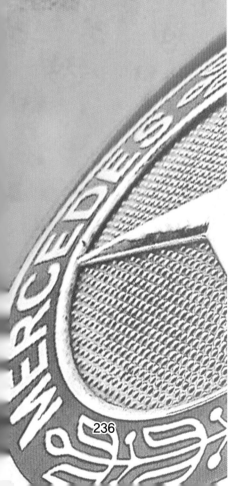

진단 순서

ECO 기능이 작동하지 않음을 확인하였다. 해당 증상으로 다수 입고됨을 확인하였다. 차량을 전자 점검하기 위하여 Xentry test를 실시하였다. 그림 36.2에서 보이듯이 N10, Signal acquisition and actuation module (SAM)(신호 작동 모듈) 내부의 고장 코드는 확인되지 않았다.

XENTRY
Mercedes-Benz

N10 - Signal acquisition and actuation module (SAM) -✓-

Model	Part number	Supplier	Version
Hardware	247 901 79 01	Continental	17/41 003
Software module 'Signal acquisition and actuation module'	247 902 86 07	Continental	20/18 000
Boot software	---	---	18/04 001
Diagnosis identifier	001107	Control unit variant	BCMFA2_R_16

LIN: A67 - Dimming inside rearview mirror (AISP) -✓-

Model	Part number	Supplier	Version
Hardware	177 810 52 00	---	16/08 000
Diagnosis identifier	000001	Control unit variant	EC213_Variante_00000B

LIN: B95 - Battery sensor (BSN) -✓-

Model	Part number	Supplier	Version
Hardware	000 905 19 10	Hella	15/35 000
Diagnosis identifier	000201	Control unit variant	IBS177_Variante_0200

LIN: N70 - Control unit 'Overhead control panel' (OCP) -✓-

Model	Part number	Supplier	Version
Hardware	000 900 27 19	Valeo	18/28 000
Diagnosis identifier	000E0D	Control unit variant	OHCM177_Diag_000E0D

LIN: R13/1..4 - Front seat heater (SIH-V) -✓-

LIN: B38/2 - Rain/light sensor (RGLS) -✓-

Model	Part number	Supplier	Version
Hardware	247 900 21 04	Hella	16/27 000
Diagnosis identifier	00000B	Control unit variant	VCS177__0x00000B

LIN: M6/1 - Windshield wiper (Windshield wiper FSW) -✓-

Model	Part number	Supplier	Version
Hardware	177 820 36 01	Valeo	18/18 000
Diagnosis identifier	000A10	Control unit variant	WPRA167__000002

☑ 그림 36.2 Xentry 진단기 점검 실시

N10, Signal acquisition and actuation module (SAM)(신호 작동 모듈) 내부의 보조 배터리 상태를 점검하였다. 그림 36.3에서 보이듯이 보조 배터리 전압은 14.5V (0 .. 15.5V), 내부 저항은 305mΩ ≤ 1000으로 정상이었다.

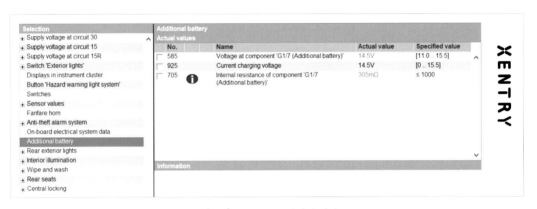

☑ 그림 36.3 보조 배터리 점검

차량의 충전 밸런스 상태를 점검하였다. 그림 36.4에서 보이듯이 그래프 상태는 상대적으로 큰 변화가 없는 상태를 보여주고 있었다.

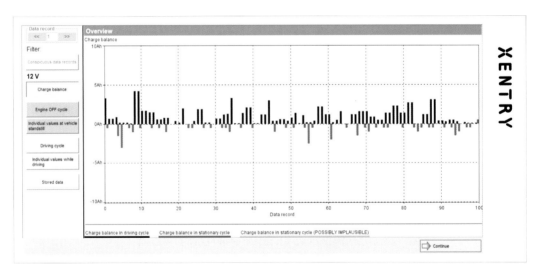

☑ 그림 36.4 충전 밸런스 점검

메인 배터리 상태를 Xentry 전용 진단기로 점검하였다. 메인 배터리 점검 결과는 배터리가 정상적이지 않으므로 배터리의 교환이 요구된다는 것이었다.

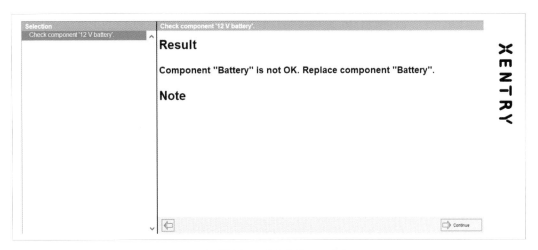

☑ 그림 36.5 배터리 테스트 결과

메인 배터리의 외부 상태와 제조 일자를 확인해 보니 2020년 이후로 확인되었다. 해당 차량은 2019년에 만들어졌으므로 이미 한번 교체된 것으로 확인되었다.

☑ 그림 36.6 배터리 점검

차량 점검 중 특이 사항을 발견하였다. 외부 장착된 블랙박스 카메라가 차량의 시동을 끄고 차량의 도어를 잠그고 나서도 항상 작동되고 있음을 확인하였다.

☑ **그림 36.7** 외부 블랙박스 카메라 장착됨

외부 블랙박스 카메라가 항상 작동됨을 확인하고, 카메라의 전원 공급 라인을 점검하였다.

확인 결과 외부 블랙박스 카메라의 전원 공급은 그림 36.8에서 보이듯이 동반석 발판 하단의 F152/4, Vehicle interior fuse and relay module(차량 내부 퓨즈와 릴레이 모듈)에 전원 공급 배선이 추가로 연결되어 있음을 확인하였다.

☑ **그림 36.8** 외부 블랙박스 카메라 전원 공급 라인 확인

트러블의 원인과 수정

 원인 외부 블랙박스 카메라가 장착되어 항상 작동하고 있다.

 수정
- 외부 블랙박스 카메라의 상시 작동을 차단하고, 메인 배터리를 교환하였다.

- 보증 수리 기간 이내이나 보증 해당 사항이 아니므로 금액은 고객이 지불하였다.

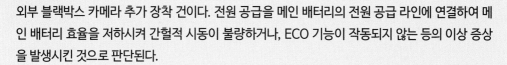

참고사항

외부 블랙박스 카메라 추가 장착 건이다. 전원 공급을 메인 배터리의 전원 공급 라인에 연결하여 메인 배터리 효율을 저하시켜 간헐적 시동이 불량하거나, ECO 기능이 작동되지 않는 등의 이상 증상을 발생시킨 것으로 판단된다.

205

 차량정보

모델	C 350 e
차종	205
차량 등록	2017월 05월
주행 거리	50,051km

37

변속기 기능 이상 경고등이 점등하였다

 고객불만

변속기 기능 이상 경고등이 점등하였다.

☑ 그림 37.1 205 차량 전면

진단 순서

변속기 기능 이상 경고등이 점등됨을 확인하였다. 해당 차량은 플러그인 하이브리드 차량이라서 일반 주행과 일렉트릭 모드 변환 시 충격이 발생됨을 확인하였다. 차량을 전자점검하기 위하여 Xentry test를 실시하였다. 엔진 컨트롤 유닛 내부에 P06E900 : The starter of the combustion engine has a malfunction, 내연 기관 엔진의 스타터 모터가 기능 이상이 있다. – stored, 저장됨을 확인하였다.

P06E900 The starter of the combustion engine has a malfunction.		STORED ↑

Control unit-specific environmental data

Name	First occurrence	Last occurrence
Fill level of fuel tank (PID2Fh)	84.71%	42.75%
Engine temperature (tmot)	102.00°C	67.50°C
Development data ((gnagen1flt))	0.00	0.00
Development data ((gen1rt_w))	3.00s	3.00s
Vehicle speed (PID0Dh)	80.00	24.00
Development data ((enhdtcinfo))	0.00	0.00
Specified voltage of alternator (gen1exvo_w)	10.60V	10.60V
CommonEnv_StorageSequence_T_ENVDATA_DT C064104_CommonEnvData	---	0.00
Development data ((urekvese_w))	15.00V	14.70V
Development data ((gen1utz))	0.00%	0.00%
Development data (({0}) (pecubaro_w)	1.01bar	0.99bar
Development data ((gen1fltf))	0.00	0.00
Development data ((gmerrcnvb2))	0.00	0.00
Development data ((Data_Record_2_CommonEnvData))	---	********* Data Record 2 *********
Development data ((gmerrenvb3))	0.00	0.00
Ambient temperature (tumg)	19.50°C	12.00°C
Development data ((opmodeveh))	3.00	3.00
kmodoenv_w_T_ENVDATA_DTC064104_Occurren ce_xSet7	49424.00km	49888.00km
Coolant temperature (ECTOut)	102.00°C	67.50°C
Development data ((gmerrenvb4))	0.00	0.00
gmerrenvb1_T_ENVDATA_DTC064104_Occurrenc e_xSet7	0.00	0.00
Excitation current (gen1excu_w)	10.00A	10.00A
Engine speed (nmot)	0.00 1/min	0.00 1/min
Engine temperature (tecueng_w)	101.75°C	67.38°C
Development data ((gnbinfo1_w))	0.00	0.00
Development data ((stGenr500Act00))	0.00	0.00
Calculated alternator torque (gentrq_w)	0.00Nm	0.00Nm
Development data ((gen1gff1))	0.00	0.00
Development data ((ubattee_w))	14.72V	14.38V
Development data ((gen1gkf1))	0.00	0.00
Ambient temperature (tecuextair)	19.00°C	12.00°C
Development data ((xSet7))	7.00	7.00
Development data ((uminvese_w))	13.50V	12.60V
genenv1_u_T_ENVDATA_DTC064104_Occurrence _xSet7	0.00	0.00
Development data ((uchrreq_w))	15.00V	14.80V
Development data ((gnbinfo2_w))	0.00	0.00
Development data ((gen1linec))	0.00A	0.00A
Development data ((stGenr500Act01))	0.00	0.00
Development data ((PID1Fh_CoEng_tiNormalOBD))	840.00s	496.00s
Driving distance since activation of engine diagnosis indicator lamp (kmmilon_w)	0.00km	0.00km
Development data ((gen1gkf2_w))	0.00s	0.00s
Engine oil temperature sensor (toilsen_w)	93.25°C	59.88°C
Data_Record_3_Occurrence_T_ENVDATA_DTC06 4104	********* Data Record 3 *********	---
wub_T_ENVDATA_DTC064104_Occurrence_xSet7	14.79V	14.51V
Development data ((gnagen1gff))	0.00	0.00

Supplemental information on time of occurrence

Name	First occurrence	Last occurrence
Number of ignition cycles since the last occurrence of the fault (Betriebszykluszaehler)	---	30.00
Frequency counter (Haeufigkeitszaehler)	---	10.00
Main odometer reading (Gesamtwegstrecke)	49424.00km	---

☑ 그림 37.2 엔진 내부 고장 코드 확인

고장 코드에 의거하여 가이드 테스트를 실시하였더니 그림 37.3에서 보이듯이 M1 (Starter) has a malfunction, 스타터 모터의 기능 이상이 있음을 확인하였다. Drive authorization Start enable(주행 인증 시동 가능)은 가능함으로 확인되었고, Circuit 50(회로 50)의 상태도 작동됨으로 확인하였다.

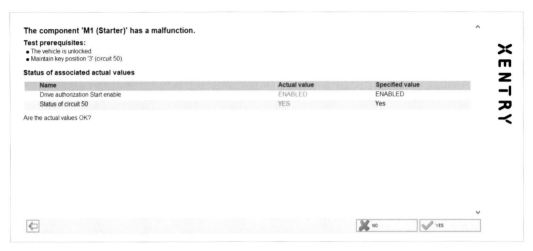

☑ 그림 37.3 가이드 테스트 실시

그림 37.4에서 보여주듯이 가이드 테스트 결과 M1 (Starter) 스타터 모터 퓨즈, 릴레이, 스타터 회로 배선 점검을 확인해 보라는 결과를 확인할 수 있었다.

☑ 그림 37.4 가이드 테스트 결과

해당 차량은 플러그인 하이브리드 차량으로서 고전압 시스템 장착 관련 차량이다. 그러므로 추가적으로 확인해야 할 항목이 있다. 그림 37.5에서 보이듯이 Special procedures (특수 절차) 항목을 선택하고 진입 시 추가 항목을 확인할 수 있다.

High-voltage on-board electrical system(고전압 온보드 전기 시스템) 설정 항목을 통하여 고전압 관련 정비 작업을 실시하는 경우, 고전압 회로의 연결과 차단을 추가적으로 작업 전에 미리 실시해야 한다.

Version	Error codes / Events	Actual values	Actuations	Adaptations	Control unit log	Special procedures	Tests	Symptoms	High-voltage on-board electrical system

P06E900 The starter of the combustion engine has a malfunction. _   STORED ↑

⊞ Control unit-specific environmental data

⊟ Supplemental information on time of occurrence

Name	First occurrence	Last occurrence
Number of ignition cycles since the last occurrence of the fault (Betriebszykluszaehler)	---	29.00
Frequency counter (Haeufigkeitszaehler)	---	10.00
Main odometer reading (Gesamtwegstrecke)	49424.00km	---

☑ 그림 37.5 진단기 특수 절차 항목

Special procedures (특수 절차) 항목을 선택하고 진입하면 그림 37.6에서 보이듯이 추가 항목을 확인할 수 있다.

특히, Perform test 'Number of engine starts'(엔진 시동 횟수 실행 테스트)를 선택 후 확인해 보면 스타터 모터의 작동 횟수를 확인할 수 있다.

Resetting value 'Number of engine starts' (엔진 시동 횟수 재설정 값) 항목을 통하여 스타터 모터 교환 후 설정값을 재설정해주면 된다.

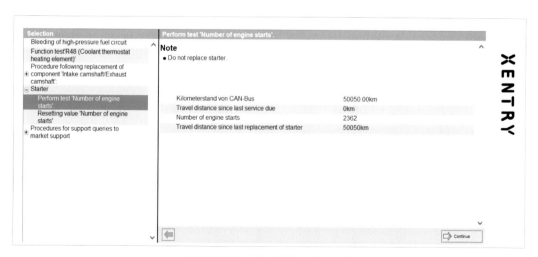

☑ 그림 37.6 특수 절차 스타터 모터

트러블의 원인과 수정

 원인   스타터 모터의 기능 이상이 발생하였다.

 수정   스타터 모터를 교환하였다.

참고사항

스타터 모터 교환 후 Special procedures(특수 절차) 설정 항목의 Resetting value 'Number of engine starts'(엔진 시동 횟수 재설정 값) 항목에서 스타터 모터 교환 작업 후 설정 값을 재설정해야 한다.

차량정보

모델	· B 180
차종	· 247
차량 등록	· 2019월 07월
주행 거리	· 26,818km

38

브레이크 어시스트 기능이 작동하지 않는다

 고객불만

브레이크 어시스트 기능이 작동하지 않는다.

☑ 그림 38.1 247 차량 전면

진단 순서

계기판에 액티브 브레이크 어시스트 기능이 제한적이라는 경고 메시지의 점등을 확인하였다. 시운전을 실시하였으나 증상은 동일하였다.

☑ **그림 38.2 계기판 경고등 점등**

차량을 외관 점검하였다. 앞 범퍼의 외부 대미지를 점검하였으나 특이 사항은 없었다.

차량을 전자 점검하기 위하여 Xentry test를 실시하였다.

A108 – Active Brake Assist(ABA)(액티브 브레이크 어시스트) 컨트롤 유닛 내부에 Fault C163691 – The calibration of control unit 'Active Brake Assist' has a malfunction. 즉, 액티브 브레이크 어시스트 컨트롤 유닛의 보정에 오류가 있습니다. The parameter is outside the permissible range. 파라미터가 허용 범위를 초과하였습니다. – Current and stored. 현재형과 저장형으로 확인되었다. 그리고 C174AFA – The calibration of control unit 'Active Brake Assist' has a malfunction. – Current and stored. 이 부분도 확인하였다.

추가적으로 Event C1111FB – Radar sensor 1 is blocked by dirt or by a foreign object. 즉, 레이더 센서 1이 먼지나 이물질에 의해 차단되었다. – stored. 저장형으로 확인되었다.

A108 - Active Brake Assist (ABA)			-F-
Model	Part number	Supplier	Version
Hardware	000 901 27 03	Bosch	16/13 000
Software	000 902 62 48	Bosch	18/15 000
Boot software	---	---	16/29 000
Diagnosis identifier	008507	Control unit variant	FCW177_Appl_008507

XENTRY

Mercedes-Benz

Fault	Text			Status
C163691	The calibration of control unit 'Active Brake Assist' has a malfunction. The parameter is outside the permissible range.			A+S
	Name	First occurrence	Last occurrence	
	Operating time	---	4294967295	
	Position of accelerator pedal	NOT ACTUATED	Signal NOT AVAILABLE	
	Outside temperature	10.00°C...50.00°C	Signal NOT AVAILABLE	
	Battery voltage	14.00V...15.00V	12.00V...14.00V	
	Brake pedal position	ACTUATED	Signal NOT AVAILABLE	
	Inside temperature of control unit	30.00°C...60.00°C	10.00°C...30.00°C	
	Status of engine operation	Engine operation at stable idle	Signal NOT AVAILABLE	
	Ignition status	Ignition ON	Signal NOT AVAILABLE	
	Status of drivetrain	READY TO DRIVE	Signal NOT AVAILABLE	
	Vehicle speed	Vehicle AT STANDSTILL	Signal NOT AVAILABLE	
	Status of switch 'Windshield washer system'	OFF	OFF	
	Only for the development department	FAULT_ALIGNMENT_INCORRECT	FAULT_ALIGNMENT_INCORRECT	
	Frequency counter	---	255	
	Main odometer reading	19232km	NOT AVAILABLE	
	Number of ignition cycles since the last occurrence of the fault	---	0	
C174AFA	The calibration of control unit 'Active Brake Assist' has a malfunction. _			A+S
	Name	First occurrence	Last occurrence	
	Operating time	---	4294967295	
	Position of accelerator pedal	25.00%...50.00%	Signal NOT AVAILABLE	
	Outside temperature	10.00°C...50.00°C	Signal NOT AVAILABLE	
	Battery voltage	14.00V...15.00V	12.00V...14.00V	
	Brake pedal position	NOT ACTUATED	Signal NOT AVAILABLE	
	Inside temperature of control unit	30.00°C...60.00°C	10.00°C...30.00°C	
	Status of engine operation	Engine operation without rpm limitation	Signal NOT AVAILABLE	
	Ignition status	Ignition ON	Signal NOT AVAILABLE	
	Status of drivetrain	READY TO DRIVE	Signal NOT AVAILABLE	
	Vehicle speed	30.00km/h...80.00km/h	Signal NOT AVAILABLE	
	Status of switch 'Windshield washer system'	OFF	OFF	
	Only for the development department	FAULT_MISALIGNMENT_HORIZONTAL	FAULT_MISALIGNMENT_HORIZONTAL	
	Frequency counter	---	255	
	Main odometer reading	22992km	NOT AVAILABLE	
	Number of ignition cycles since the last occurrence of the fault	---	0	

Event	Text			Status
C1111FB	Radar sensor 1 is blocked by dirt or by a foreign object. _			S
	Name	First occurrence	Last occurrence	
	Operating time	---	1086023681	
	Position of accelerator pedal	NOT ACTUATED	50.00%...75.00%	
	Outside temperature	10.00°C...50.00°C	10.00°C...50.00°C	
	Battery voltage	14.00V...15.00V	14.00V...15.00V	
	Brake pedal position	NOT ACTUATED	NOT ACTUATED	
	Inside temperature of control unit	30.00°C...60.00°C	30.00°C...60.00°C	
	Status of engine operation	Engine operation without rpm limitation	Engine operation without rpm limitation	
	Ignition status	Ignition ON	Ignition ON	
	Status of drivetrain	READY TO DRIVE	READY TO DRIVE	
	Vehicle speed	30.00km/h...80.00km/h	30.00km/h...80.00km/h	
	Status of switch 'Windshield washer system'	OFF	OFF	
	Only for the development department	FAULT_SENSOR_BLIND	FAULT_SENSOR_BLIND	
	Frequency counter	---	255	
	Main odometer reading	2016km	26800km	
	Number of ignition cycles since the last occurrence of the fault	---	10	

☑ 그림 38.3 ABA 내부 고장 코드

해당 고장 코드를 확인하고 가이드 테스트를 진행하였다.

가이드 테스트를 진행 시 그림 38.4에서 보이듯이 해당 액티브 브레이크 레이더 센서의 장착 마운트를 점검하라는 설명을 확인할 수 있다.

Glue in sealing strip.

Warning: The sealing strip must not be in front of the radar sensor.

☑ 그림 38.4 액티브 브레이크 어시스트 레이더 센서 마운트

가이드 테스트의 진행상 가능한 원인들을 그림 38.5에서 보여주고 있다. 액티브 브레이 크 레이더 센서의 장착 상태 위치와, 평형을 맞추고 보정을 하라는 주된 내용을 확인할 수 있다.

XENTRY

⊗ Caution!

Do not replace component 'A108 (Active Brake Assist controller unit)'.
Damage code 88W04 must be used when encoding for warranty claims.

Status of associated actual values

Name	Actual value	Specified value
Initial value for horizontal angle	0.00°	[-3.00 .. 3.00]
Initial value for vertical angle	0.00°	[-3.00 .. 3.00]

Possible causes and remedies

- The radar sensor is maladjusted.
- Check fastening and installation position of component 'A108 (Active Brake Assist controller unit)'.
- Observe TIPS document. If the radar sensor is loose, a sealing strip must be glued onto the holder of the radar sensor. Part number: A 000 987 45 66 (See pictures)
- Check alignment of sensor mount.
- Check contact surface of sensor for residues or dirt.
- Ensure that the radar sensor has an unobstructed line of sight.
- The bumper has been correctly mounted and aligned.
- The relevant WIS documents, in particular, on the gap dimensions, have been taken into consideration.

Further possible cause and remedy

- Procedure 'Calibration of component 'ABA' was terminated incorrectly or aborted.
- Repeat calibration drive.

Important notes

- Indicator lamp 'Active Brake Assist OFF' on the instrument cluster is switched on during the calibration drive.
- The calibration drive must be carried out until indicator lamp 'Active Brake Assist OFF' is switched off on the multifunction display.

Continue to process 'Calibration by means of test drive' with button 'Continue'

☑ 그림 38.5 가이드 테스트 실시

추가적으로 가이드 테스트 진행 시 그림 38.5의 가이드 테스트의 가능 원인과 해결책이 이상 없다는 전제조건이 부합되는 경우 Initial startup(초기 설정) 단계로 진행하게 된다. 그림 38.6은 액티브 브레이크 어시스트 컨트롤 유닛의 초기 설정을 보여주고 있다.

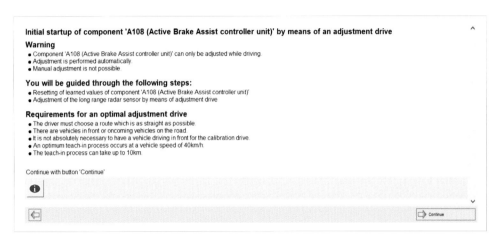

그림 38.6 초기 설정

이후 절차 진행 시에 적응 운전 항목으로 변환되어 액티브 브레이크 어시스트 레이더 센서의 적응 운전을 실시해야 한다. 요구 사항으로는 그림 38.7에서 보여주듯이 약 40km/h의 속도로 적응 주행을 실시하면 센서 보정이 끝나게 된다.

그림 38.7 레이더 센서 적응 운전

Status of sensor calibration(센서 보정 상태)의 실제 값이 Teach-in process NOT STARTED(학습 과정이 시작되지 않음)으로 확인되었다. 주로 수치로 보여주며 100%에서 SUCCESSFULLY ENDED(성공적으로 마무리 됨), 상태로 변하게 되는데 변화가 없었다.

XENTRY

Timeout during calibration drive
Fault status:
- Indicator lamp 'Active Brake Assist OFF' in the instrument cluster does not go out.

Possible cause and remedy
- Component 'A108 (Active Brake Assist controller unit)' is not correctly installed.
- Check attachment and correct installation of component 'A108'.

Further remedies:
- Read out fault memory and process any existing fault codes.
- Check actual values.
- Check bumper in the area of component 'A108 (Active Brake Assist controller unit)' for soiling and clean if necessary.
- Check surface of bumper in area of relevant sensor for damage.
- Repeat procedure.
- Perform test 'Manufacturer default setting' under menu item 'Teach-in processes'.

The following situations can delay the adjustment procedure:
- Travel through a tunnel
- Heavy vehicle acceleration
- Cornering
- Route with few target objects
- Accumulating dirt, ice or slush deposits on the bumper while driving

☑ 그림 38.8 보정 운전중 시간 초과

액티브 브레이크 어시스트 레이더 센서를 점검하기 위하여 리프트를 이용하여 차량을 상승시켰다. 육안 점검 시 앞 우측 범퍼 하단이 외부의 충격으로 손상되어 있었다. 액티브 브레이크 어시스트 레이더 센서는 센서 마운트에서 떨어져 나와서 언더 커버 위에서 위치해 있었다.

범퍼 내부 레이더 센서 탈착됨

☑ 그림 38.9 우측 범퍼 하단 손상

그림 38.10에서 보여주고 있는 EPC (부품 카탈로그) 상의 충격으로 손상된 앞 범퍼 하단 커버 (110), 액티브 브레이크 어시스트 레이더 센서(350) 그리고 레이더 센서 마운트 (360)를 교환하였다.

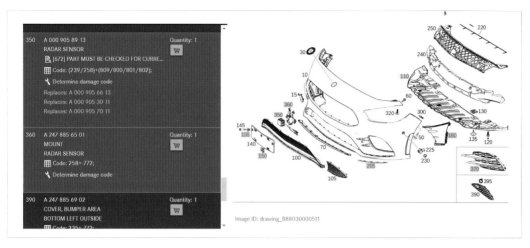

☑ 그림 38.10 EPC의 손상 부품

트러블의 원인과 수정

 원인 액티브 브레이크 어시스트 레이더 센서가 충격으로 손상되었다.

 수정 액티브 브레이크 어시스트 레이더 센서, 레이더 센서 마운트 그리고 앞 범퍼 하단의 커버를 교환하였다.

 참고사항

- 액티브 브레이크 레이더 센서 교환 후 센서 보정 작업을 실시해야 한다.
- 앞 범퍼의 경우 육안상 외부 충격이 직접적으로 센서 주변에서 보이지 않더라도, 범퍼 하단에서 충격 여파가 전해져서 2차 손상을 가져올 수 있으므로 참고하여 작업하도록 한다.

Mercedes-Benz

167

차량정보

모델	· GLE 63 S
차종	· 167
차량 등록	· 2021월 11월
주행 거리	· 7,625km

39

동반석 시트의 열선과 마사지 기능이 작동하지 않는다

고객불만

동반석 시트의 열선과 마사지 기능이 작동하지 않는다.

☑ 그림 39.1　167 차량 전면

진단 순서

동반석 시트의 열선과 마사지 기능이 작동하지 않음을 확인하였다. 운전석 쪽은 정상 작동하였다. 차량을 전자 점검하기 위하여 Xentry test를 실시하였다. 특이 사항은 확인되지 않았다.

동반석 시트 등받이 커버를 탈착하였다. 등받이 커버에 검은색 공압 호스가 끼어있음을 확인하였다.

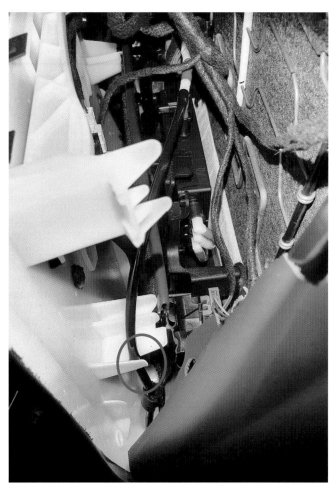

☑ **그림 39.2 공압 호스 끼임**

이후 공압 테스트를 실시하였으나 작동 상태를 확인하기 어려웠다. 육안 점검으로 공압 호스를 확인하며 점검하였다. 등받이 내부의 공압 호스의 상태를 점검해 보니 호스의 끼임이나 꺾임 그리고 터짐 등의 특이한 손상은 확인할 수 없었다. 등받이 내부의 공압 호스 상태는 양호함을 확인하였다.

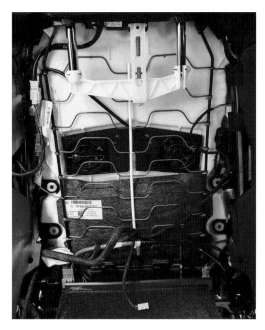

☑ **그림 39.3** 등받이 내부 형상

공압 펌프는 시트 하단에 위치하고 있다. 공압 테스트를 실시하면서 작동을 확인하였다. 공압 펌프는 정상적으로 작동하고 호스 장착 상태도 정상이었다.

☑ **그림 39.4** 시트 하단 공압 펌프

육안 점검 시 동반석 시트 우측 레일 상부에서 검은색 공압 호스가 꺾여 있음을 확인하였다.

등받이 조절 모터 상부 부근인데 육안으로 확인하기가 쉽지는 않았다.

☑ **그림 39.5 손상된 공압 호스**

Lumbar support(허리 지지대) 공압 호스는 공압 펌프에서 필터와 연결하여 분배기로 연결되는 구조이다.

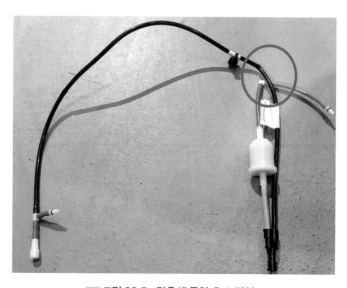

☑ **그림 39.5 검은색 공압 호스 꺾임**

그림 39.7은 Lumbar support(허리 지지대) 공기 압력이 정상적으로 작동하고 있는 실제 값을 보여주고 있다.

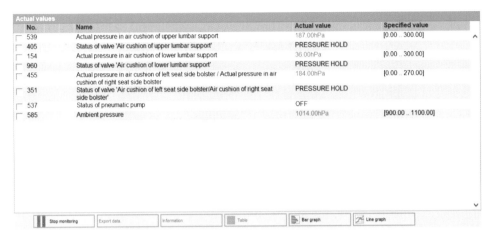

No.	Name	Actual value	Specified value
539	Actual pressure in air cushion of upper lumbar support	187.00hPa	[0.00 .. 300.00]
405	Status of valve 'Air cushion of upper lumbar support'	PRESSURE HOLD	
154	Actual pressure in air cushion of lower lumbar support	36.00hPa	[0.00 .. 300.00]
960	Status of valve 'Air cushion of lower lumbar support'	PRESSURE HOLD	
455	Actual pressure in air cushion of left seat side bolster / Actual pressure in air cushion of right seat side bolster	184.00hPa	[0.00 .. 270.00]
351	Status of valve 'Air cushion of left seat side bolster/Air cushion of right seat side bolster'	PRESSURE HOLD	
537	Status of pneumatic pump	OFF	
585	Ambient pressure	1014.00hPa	[900.00 .. 1100.00]

Stop monitoring　Export data..　Information　Table　Bar graph　Line graph

☑ 그림 39.7 Lumbar support(허리 지지대) 공압 실제 값

트러블의 원인과 수정

 원인　Lumbar suppor(허리 지지대) 공압 호스가 끼임과 꺾임이 발생하였다.

 수정　손상된 Lumbar support(허리 지지대) 공압 호스를 교환하였다.

 참고사항

- Lumbar support(허리 지지대) 공압 장치 옵션 장착 차량의 경우 공기주머니와 공압 호스의 손상이 발생되므로 점검과 작업 시 주의를 요구한다.
- 해당 옵션 장착 차량들은 시트의 구조가 복잡하므로 작업 시 배선의 위치와 장착 후 상태를 점검하여 2차 손상이 되지 않도록 주의한다.

40

계기판이 작동하지 않는다

 고객불만

계기판이 작동하지 않는다.

☑ 그림 40.1 223 차량 전면

진단 순서

계기판 화면이 검게 나타나며 작동하지 않음을 확인하였다.

차량을 전자 점검하기 위하여 Xentry test를 실시하였다.

N133/1 − Instrument cluster (IC) 내부의 fault code, 고장 코드 B221396 : There is an internal fault in the instrument cluster. There is an internal component fault. 즉, 계기판 내부 오류가 발생하였다. 내부 구성 부품의 오류가 있다. Current and stored, 현재형과 저장형으로 확인하였다.

N133/1 - Instrument cluster (IC) -F-

Model		Part number	Supplier		Version	
Hardware		223 901 66 10	Visteon		19/43 000	
Diagnosis identifier		00CD10	Control unit variant		IC223_IC_E009_5	
	Fault	**Text**				**Status**
	B221396	There is an internal fault in the instrument cluster. There is an internal component fault.				A+S
		Name		**First occurrence**	**Last occurrence**	
		Frequency counter		---	2	
		Main odometer reading		---	1792.0km	
		Number of ignition cycles since the last occurrence of the fault		---	0	
	Event	**Text**				**Status**
	B127700	The maintenance program variant is unknown. _				S

S=STORED, A+S=CURRENT and STORED

☑ 그림 40.2 계기판 고장 코드

해당 고장 코드에 의거하여 가이드 테스트를 진행하였다. 그 결과 가능한 원인과 해결책으로는 그림 40.3에서 보여주듯이 계기판을 교환하는 결론을 확인할 수 있다.

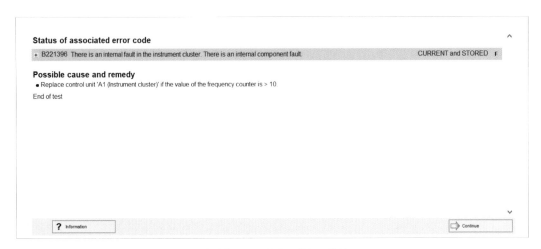

☑ 그림 40.3 가이드 테스트 실시

실제 작업 시 인스트루먼트 패널 커버와 글로브 박스를 탈거 후 해당 계기판 컨트롤 유닛에 접근할 수 있다.

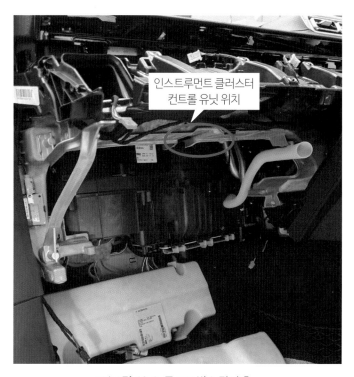

☑ **그림 40.4** 글로브 박스 탈거 후

그림 40.5는 Instrument cluster control unit(계기판 컨트롤 유닛)의 구품과 신품을 보여주고 있다.

☑ **그림 40.5** N133/1, Instrument cluster control unit(계기판 컨트롤 유닛)

Instrument cluster control unit(계기판 컨트롤 유닛) 교환 후에는 초기 설정을 해야 한다.

해당 항목은 진단기 항목에서 순서대로 제시가 되므로 각 항목을 순서대로 실시해야 한다.

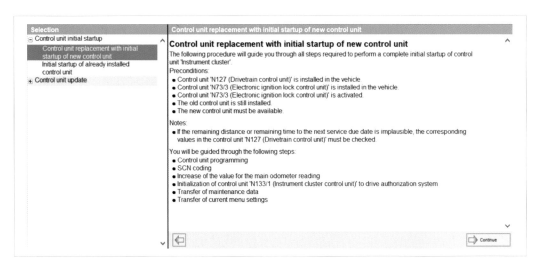

☑ 그림 40.6 N133/1, Instrument cluster control unit(계기판 컨트롤 유닛) 초기 설정

설정 관련 모든 작업이 완료되고 운전석 디스플레이에 정상 작동됨을 확인할 수 있다.

☑ 그림 40.7 계기판 디스플레이 정상 작동

트러블의 원인과 수정

 원인   N133/1, Instrument cluster control unit(계기판 컨트롤 유닛)의 내부 오류가 발생하였다.

 수정   N133/1, Instrument cluster control unit(계기판 컨트롤 유닛)을 교환하였다.

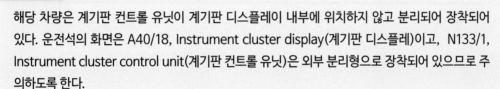

해당 차량은 계기판 컨트롤 유닛이 계기판 디스플레이 내부에 위치하지 않고 분리되어 장착되어 있다. 운전석의 화면은 A40/18, Instrument cluster display(계기판 디스플레이)이고, N133/1, Instrument cluster control unit(계기판 컨트롤 유닛)은 외부 분리형으로 장착되어 있으므로 주의하도록 한다.

167

Mercedes-Benz

 차량정보

모델	· GLE 53 AMG
차종	· 167
차량 등록	· 2021월 12월
주행 거리	· 2,724km

41

운전석 윈도를 작동시키기 어렵다

 고객불만

운전석 윈도를 작동시키기 어렵다.

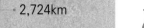 그림 41.1 167 차량 전면

진단 순서

운전석 윈도 스위치로 작동 시 약 1cm 정도 움직이고 멈추기를 반복하였다. 동반석과 리어 도어의 윈도는 정상적으로 작동하였으나, 운전석 윈도만 작동 시 어려움이 발생하였다. 외부 손상이나 이물질 끼임 등의 특이 사항은 발견되지 않았다. 차량을 전자 점검하기 위하여 Xentry test를 실시하였다. N69/2 – Right front door (DCU–RF), 앞 우측 도어 컨트롤 유닛 내부에 Fault code(고장 코드)를 확인하였다. P060A64 : The monitoring function in the control unit has a malfunction. 즉, 컨트롤 유닛 모니터링 기능에 오류가 발생하였다. There is an implausible signal. 타당하지 않은 신호가 있다. Current and stored. 현재형과 저장형으로 확인되었다. 그리고 B224F49 : Control unit 'Door' has a malfunction. 도어 컨트롤 유닛에 기능 이상이 있다. There is an internal electrical fault. 전기적 내부 오류가 있음을 확인하였다.

N69/2 - Right front door (DCU-RF)				-F-
Model		Part number	Supplier	Version
Hardware		213 901 06 08	Temic	16/20 000
Software		167 902 83 06	Temic	19/17 000
Boot software		---	---	16/10 000
Diagnosis identifier		020418	Control unit variant	DMFR222_MOPF_DM222_ MOPF_R23_167_R14
Fault	Text			Status
P060A64	The monitoring function in the control unit has a malfunction. There is an implausible signal.			A+S
	Name		First occurrence	Last occurrence
	Frequency counter		---	255
	Main odometer reading		2240km	2720km
	Number of ignition cycles since the last occurrence of the fault		---	0
B224F49	Control unit "Door" has a malfunction. There is an internal electrical fault.			A+S
	Name		First occurrence	Last occurrence
	Frequency counter		---	255

☑ 그림 41.2 운전석 도어 컨트롤 유닛 내부 고장 코드

P060A64 고장 코드에 의거하여 가이드 테스트를 실시하였더니 그림 41.3와 같은 가능 원인과 해결책을 확인하였다. 고장 코드를 지우고, 소프트웨어를 점검하고, 기능 테스트를 요청하는 내용이다.

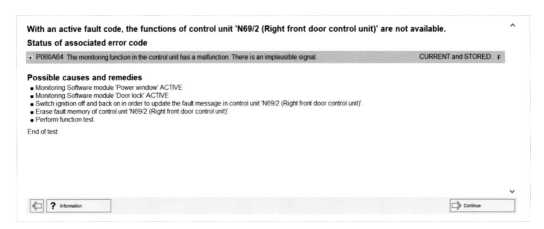

그림 41.3 가이드 테스트 실시

B224F49 고장 코드로 가이드 테스트를 진행 시 그림 41.4와 같은 결과를 확인할 수 있었다. 초기설정을 실시해 보고 동일하면 N69/2, Right front door control unit(앞 우측 도어 컨트롤 유닛)을 교환하라는 가능 원인과 해결책을 확인할 수 있다.

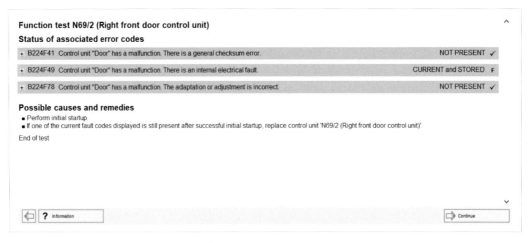

그림 41.4 추가 가이드 테스트 실시

그림 41.5는 앞 우측 도어 컨트롤 유닛의 실제 값을 보여주고 있다. No.751의 Position of power window(파워 윈도우의 위치)에서 실제 값이 4178로 표시되고 있다. 규정 값은 0...1250이므로 규정값을 초과하여 있는 것으로 확인되었다.

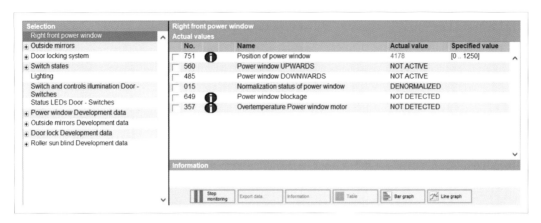

☑ **그림 41.5 앞 우측 도어 컨트롤 유닛 실제 값**

운전석 도어 컨트롤 유닛의 새로운 소프트웨어가 존재함을 확인하고 업데이트를 실시하였다. 그리고 파워 윈도의 표준화를 실시하였으나, 정상적으로 실시되지 않았다.

그림 41.6은 파워 윈도 표준화 작업을 실시하였으나, 표준화 작업이 완료되지 않음을 보여주고 있다.

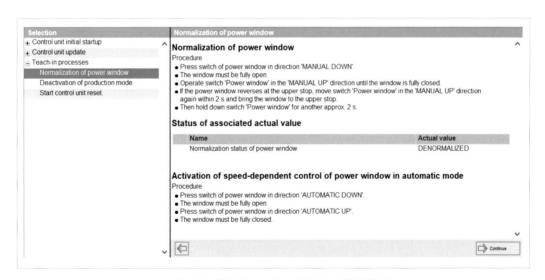

☑ **그림 41.6 앞 우측 도어 컨트롤 유닛 표준화 작업 실시**

운전석 도어 컨트롤 유닛을 육안으로 점검하기 위하여 도어 트림을 탈거하였다. 운전석 도어 컨트롤 유닛과 파워 윈도 모터 작동 상태를 점검하였으나, 특이 사항을 발견하지 못하였다.

가이드 테스트 결과에 의거하여 운전석 도어 컨트롤 유닛의 내부 오류로 판단되었다. 문제가 발생한 운전석 도어 컨트롤 유닛을 교환하고 Xentry 진단기로 Initial startup 초기 설정을 실시하였다.

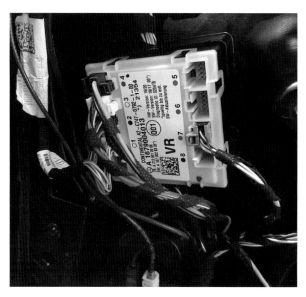

☑ 그림 41.7 앞 우측 도어 컨트롤 유닛

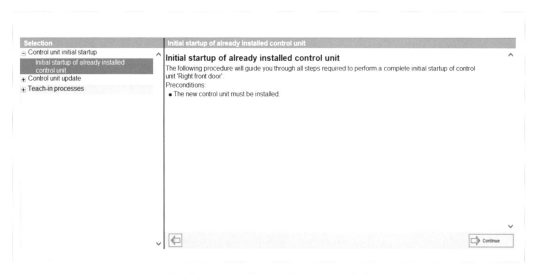

☑ 그림 41.8 앞 우측 도어 컨트롤 유닛 초기 설정

절차에 의거하여 운전석 도어 컨트롤 유닛의 소프트웨어 업데이트 작업과 코딩 작업을 실시하였다. 그림 41.9에서 보여주듯이 파워 윈도 표준화 작업은 정상적으로 이루어졌다.

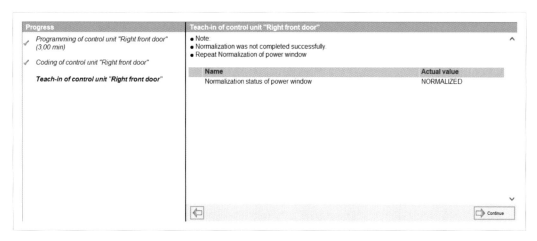

☑ 그림 41.9 앞 우측 도어 컨트롤 유닛 표준화

트러블의 원인과 수정

원인 N69/2 – Right front door(앞 우측 도어) 컨트롤 유닛의 내부 오류가 발생하였다.

수정 N69/2 – Right front door(앞 우측 도어) 컨트롤 유닛을 교환하였다.

참고사항

N69/2 – Right front door(앞 우측 도어) 컨트롤 유닛을 교환 후 Initial startup(초기 설정)을 실시하고, Normalization을 실시하여 정상적으로 작동됨을 확인하였다.

차량정보

모델	GLC 43 AMG
차종	253
차량 등록	2021월 05월
주행 거리	13,829km

42

서스펜션 경고등이 점등하였다

 고객불만

서스펜션 경고등이 점등하였다.

☑ 그림 42.1 253 차량 전면

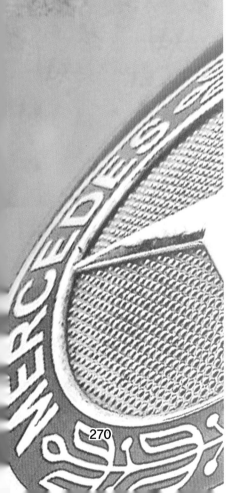

진단 순서

계기판에 서스펜션 경고등이 점등됨을 확인하였다. 육안상으로 점검 시 차량의 높이가 낮음을 확인하였다. 차량을 전자 점검하기 위하여 Xentry test를 실시하였다.

☑ 그림 42.2 서스펜션 경고등 점등

N51/3 – AIR BODY CONTROL 내부에 C155664 : The compressed air sensor for system pressure has a malfunction. 즉, 시스템 압력용 압축 압력 센서에 기능 오류가 발생하였다. There is an implausible signal. 타당하지 않은 신호가 있다. Stored(저장됨)으로 확인하였다. 그리고 C156C00 : System 'Compressed air distribution' is leakey. 압축 공기 분배의 누유가 발생하였다. – Current and stored(현재형과 저장됨)으로 확인되었다.

N51/3 - AIR BODY CONTROL			-F-
Model	**Part number**	**Supplier**	**Version**
Hardware	213 901 59 03	Temic	15/07 000
Software	253 902 66 09	Temic	19/36 000
Boot software	---	---	16/10 000
Diagnosis identifier	007107	Control unit variant	SPC213_SPC253_Mopf_0x 7107

	Fault	Text	Status
	C155664	The compressed air sensor for system pressure has a malfunction. There is an implausible signal.	S
	C156C00	System 'Compressed air distribution' is leaky. _	A+S

S=STORED, A+S=CURRENT and STORED

☑ 그림 42.3 AIR BODY CONTROL 내부 고장 코드

고장 코드의 내용을 자세히 보면 그림 42.4에서 보이듯이 C155664와 C156C00으로 확인할 수 있다.

XENTRY — Mercedes-Benz

C155664 The compressed air sensor for system pressure has a malfunction. There is an implausible signal. STORED

Control unit-specific environmental data

Name	First occurrence	Last occurrence
Pressure sensor	---	5.63bar
Vehicle speed	---	3.00Km/h
Pressure sensor	---	4.25bar
Vehicle speed	---	2.00Km/h

Supplemental information on time of occurrence

Name	First occurrence	Last occurrence
Frequency counter	---	8.00
Main odometer reading	13824.00km	13824.00km
Number of ignition cycles since the last occurrence of the fault	---	1.00

C156C00 System 'Compressed air distribution' is leaky. STORED

Supplemental information on time of occurrence

Name	First occurrence	Last occurrence
Frequency counter	---	4.00
Main odometer reading	13824.00km	13824.00km
Number of ignition cycles since the last occurrence of the fault	---	1.00

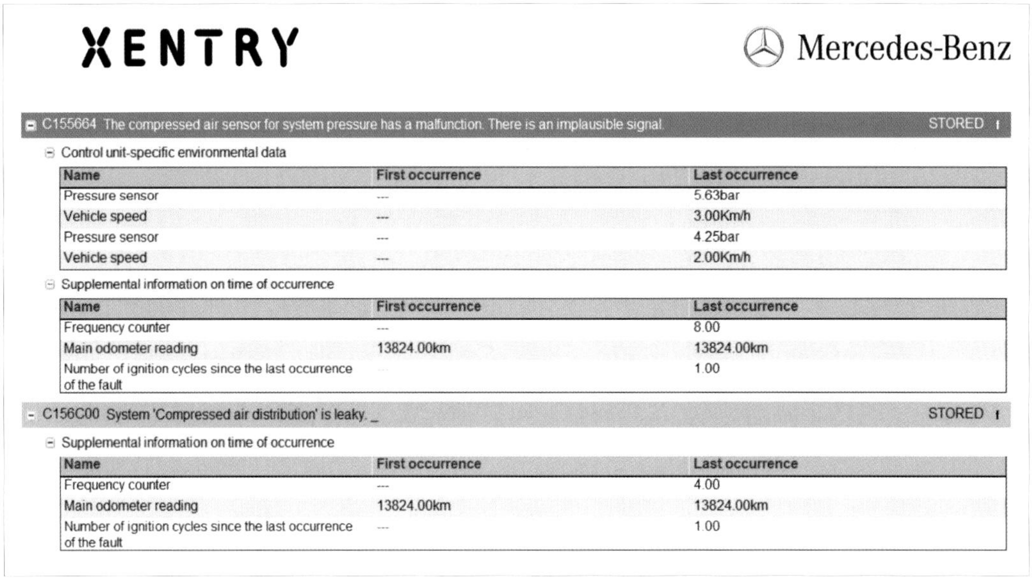

☑ 그림 42.4 고장 코드 데이터

Xentry 진단기로 공압 테스트를 실시하였다. 압력은 5.9 bar 부근에서 변동이 없었다.

공압 테스트 중에 공압 컴프레서의 작동 상태를 확인할 수 없었고, 릴리프 밸브의 작동 상태를 확인할 수 없었다.

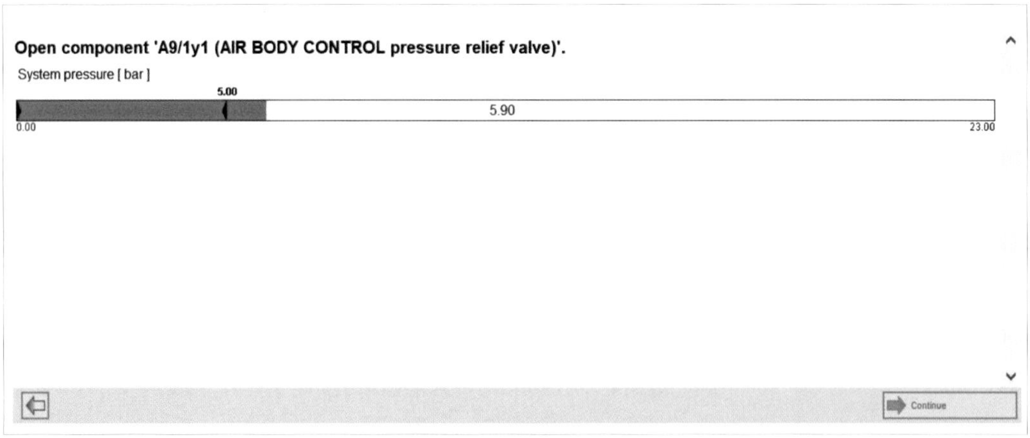

☑ 그림 42.5 공압 테스트 실시

그림 42.6에서는 공압 테스트 결과 성공적이지 않으며, A9/1y1 (AIR BODY CONTROL pressure relief valve)(에어 보디 컨트롤 압력 릴리프 밸브)의 기능에 이상이 발생하였음을 보여주고 있다.

Actuation NOT SUCCESSFUL

Possible cause and remedy:
- Component 'A9/1y1 (AIR BODY CONTROL pressure relief valve)' has a malfunction.

Continue

☑ **그림 42.6 공압 테스트 결과**

A9/1y1 (AIR BODY CONTROL pressure relief valve)(에어 보디 컨트롤 압력 릴리프 밸브)는 그림 42.7에서 보이듯이 A9/1 (AIR BODY CONTROL compressor)(에어 보디 컨트롤 컴프레서) 내부에 일체형으로 장착되어 있음을 확인할 수 있다.

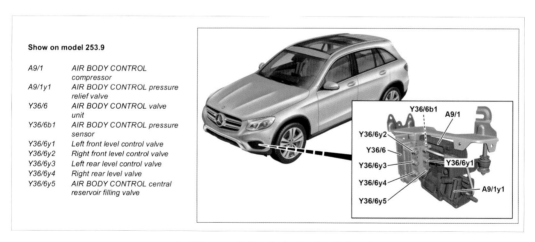

Show on model 253.9

A9/1   AIR BODY CONTROL
            compressor
A9/1y1   AIR BODY CONTROL pressure
            relief valve
Y36/6   AIR BODY CONTROL valve
            unit
Y36/6b1   AIR BODY CONTROL pressure
            sensor
Y36/6y1   Left front level control valve
Y36/6y2   Right front level control valve
Y36/6y3   Left rear level control valve
Y36/6y4   Right rear level valve
Y36/6y5   AIR BODY CONTROL central
            reservoir filling valve

☑ **그림 42.7 에어 보디 컨트롤 컴프레서 구성**

진단기를 이용하여 차량의 높이를 점검해 보니 그림 42.8에서 보이듯이 차량 높이가 전체적으로 앞 차축이 −10mm, 그리고 뒤 차축은 −4mm로 낮게 확인되었다.

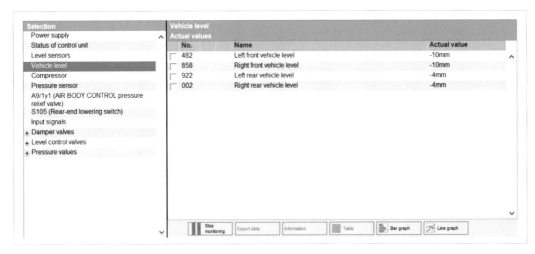

☑ **그림 42.8 차량 높이 점검**

진단기를 이용하여 에어 보디 컨트롤 장치의 공기 압력을 점검해 보니 5.76bar로 확인되었다.

에어 보디 컨트롤 압력 센서는 1.11V로 확인되었다.

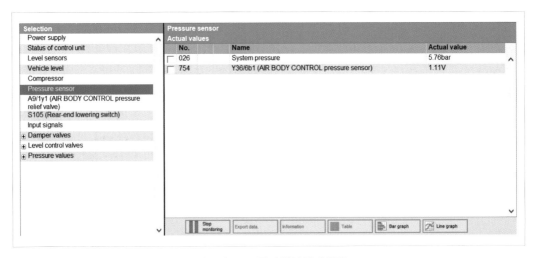

☑ **그림 42.9 공기 압력 센서 점검**

우선, A9/1 (AIR BODY CONTROL compressor)(에어 보디 컨트롤 컴프레서)를 점검하였다. 해당 부품은 앞 좌측 휠하우스 전방에 위치하고 있다. 에어 보디 컨트롤 컴프레서를 점검해보니 작동이 되지 않고 있었다. 액추에이션 작동 시 공급 전압도 확인되지 않았다.

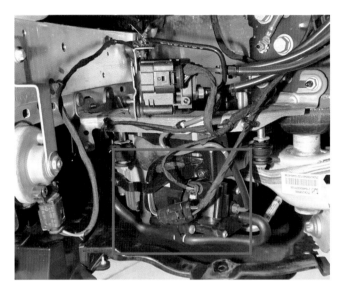

☑ 그림 42.10 에어 보디 컨트롤 컴프레서

에어 보디 컨트롤 컴프레서의 전원 공급이 되지 않아서 K40/8, 엔진 퓨즈와 릴레이 모듈을 점검하였다. 주황색 40A 퓨즈 내부에 검게 그을음이 발생한 것을 육안으로 확인하였고, 퓨즈 내부는 단선이 되어있음을 확인하였다.

에어 보디 컨트롤 컴프레서 퓨즈 위치

☑ 그림 42.11 K40/8, 엔진 퓨즈와 릴레이 모듈

✓ 그림 42.12 에어 보디 컨트롤 컴프레서 구품과 신품

에어 보디 컨트롤 컴프레서의 내부 작동 오류가 발생한 것으로 판단되어 에어 보디 컨트롤 컴프레서, 릴레이 그리고 퓨즈를 교환하였다. 컴프레서 교환 후 작동시간은 리셋을 시켜주었다.

그림 42.13는 에어 보디 컨트롤 컴프레서의 조립 시 구성 부품을 보여주고 있다. 전단의 Protective sleeve(보호 슬리브)의 길이가 중간과 후단의 길이와 다르므로 주의하도록 한다.

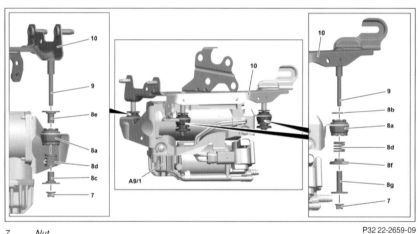

P32 22-2659-09

7	Nut
8a	Elastomer bearing
8b	Washer
8c	Protective sleeve
8d	Compression spring
8e	Protective sleeve
8f	Elastomer bearing
8g	Protective sleeve
9	Threaded rod
10	Bracket
A9/1	AIR BODY CONTROL compressor

Shown on model 253

2	Electrical connector
3	Electrical connector
4	Air intake hose
5	Bracket
11	Bracket
A9/1	AIR BODY CONTROL compressor

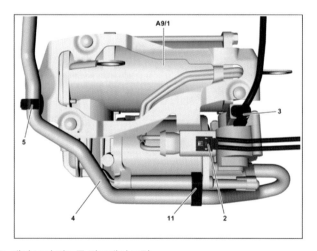

✓ 그림 42.13 에어 보디 컨트롤 컴프레서 조립

진단기에서 작업 후 테스트 항목 점검 시 정상적으로 작동하고 있음을 확인하였다.

그림 42.14에서 보이듯이 녹색으로 ✓ 표시된 것이 정상적으로 작동됨을 확인하였다는 뜻이고, 빨간색으로 X인 경우 정상적이지 않음을 확인하였다는 뜻이다.

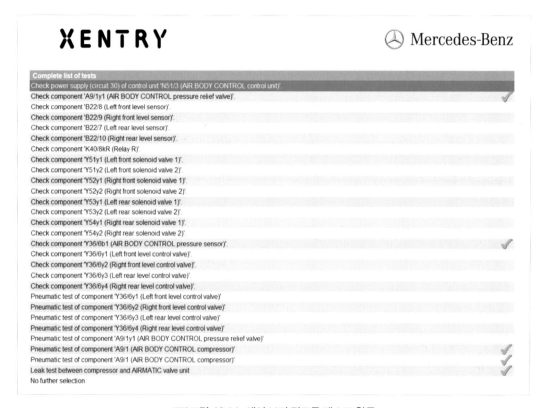

✓ **그림 42.14** 에어 보디 컨트롤 테스트 항목

그림 42.15은 문서 번호 GF54.15−P−1256−32RFN으로 K40/8, Engine fuse and relay module(엔진 퓨즈와 릴레이 모듈)의 배치도를 보여주고 있다.

GF54, 15-P-1256-32RFN	Assignment of engine fuse and relay module	

Model   253 (except 253.99)
                as of model year 2020

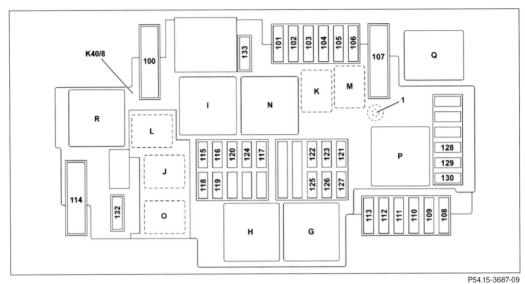

P54.15-3687-09

1   *Circuit 30t "E1" connection*   *K40/8*   *Engine fuse and relay module*

☑ 그림 42.15 K40/8, 엔진 퓨즈와 릴레이 모듈 배치도

그림 42.16은 에어 보디 컨트롤 컴프레서의 전기 퓨즈 번호를 보여주고 있다.

111	Electrical fuse 111 (K40/8f111)	30t	1.5 RDBU	**With CODE 631 (Static left-hand traffic LED headlamp) or CODE 632 (Static right-hand traffic LED headlamp):** Left front lamp unit (E1)	20
			2.5 RDBU	**With CODE 640 (High Performance LED) or CODE 641 (Dynamic left-hand traffic LED headlamp) or CODE 642 (Dynamic right-hand traffic LED headlamp)):** Left front lamp unit (E1) Right front lamp unit (E2)	
112	Electrical fuse 112 (K40/8f112)	30t	2.5 RDBK	Wiper motor (M6/1)	30
113	Electrical fuse 113 (K40/8f113)	50	2.5 VTWH	**Except code B01 (48V technology):** Starter (M1)	30
114	Electrical fuse 114 (K40/8f114)	87	4.0 RDWH	**With code 489 (AIR BODY CONTROL):** AIR BODY CONTROL compressor (A9/1)	40
115	Electrical fuse 115 (K40/8f115)	87	-	Spare	-
116	Electrical fuse 116 (K40/8f116)	87	0.5 OGRD	**With code ME05 (HYBRID DRIVE 80KW VARIANT (INCLUDING PLUG-IN)):** Electronic Stability Program control unit (N30/4)	7,5
117	Electrical fuse 117 (K40/8f117)	30t	-	Spare	-
118	Electrical fuse 118 (K40/8f118)	87C	1.0 PKWH	Low-temperature circuit circulation pump 1 (M43/6)	15
119	Electrical fuse 119 (K40/8f119)	87C	0.5 RDGN	Powertrain control unit (N127)	5
			1.0 RDGN	Circuit 87/C1 end sleeve (Z141/1z1)	15
120	Electrical fuse 120 (K40/8f120)	30t	-	Spare	-
121	Electrical fuse 121 (K40/8f121)	15M	0.75 RD	Park pawl capacitor (C8)	10

☑ 그림 42.16 에어 보디 컨트롤 컴프레서 퓨즈

전기 퓨즈 위치는 114번이고 87회로와 연결되어 있으며, 4.0RDWH (빨강/흰색)의 배선으로 40A의 퓨즈를 확인할 수 있다.

그림 42.17에서 보이듯이 에어 보디 컨트롤 컴프레서 릴레이는 R에 위치하고 있으며 K40/8kR로 표시된다.

Relays	Designation
G	Engine compartment circuit 15 relay (K40/8kG)
H	**Except code B01 (48V technology):** Starter circuit 50 relay (K40/8kH)
I	**With code ME05 (HYBRID DRIVE 80KW VARIANT (INCLUDING PLUG-IN)):** Vacuum pump relay (+) (K40/8kI)
J	CPC relay (K40/8kJ)
K	Oil pump relay (K40/8kK)
L	Horn relay (K40/8kL)
M	Wiper park position heater relay (K40/8kM)
N	Circuit 87M relay (K40/8kN)
P	**Engine 274:** Coolant pump relay (K40/8kP)
Q	**With code ME05 (HYBRID DRIVE 80KW VARIANT (INCLUDING PLUG-IN)):** Relay Q (K40/8kQ)
R	**With code 489 (AIR BODY CONTROL):** Relay R (K40/8kR)

☑ 그림 42.17 에어 보디 컨트롤 컴프레서 릴레이

참고로 그림 42.18는 해당 차량의 에어 보디 컨트롤 장치의 각 부품을 표시해 주고 있다.

GF32.22-P-9993RF	Overview of system components of AIR BODY CONTROL	07.10.2021

Model   **253**
                with code 489 (AIR BODY CONTROL)

☑ 그림 42.18 에어 보디 컨트롤 장치 개요

그림 42.19은 그림 42.18와 관련하여 에어 보디 컨트롤 장치의 개요 명칭을 표시하고 있다.

Show on model 253.9

41	Multiple-chamber air suspension bellows	B24/4	Right front body lateral acceleration sensor	N73	Electronic ignition switch control unit
42	Rear axle shock absorber	B24/5	Left rear body lateral acceleration sensor	N127	Drivetrain control unit
A1	Instrument cluster	K40/8kR	Relay R	S105	Rear-end lowering switch
A26/17	Head unit	L6/1	Left front axle rpm sensor	X11/4	Diagnostic connector
A40/8	Audio/COMAND display	L6/2	Right front axle rpm sensor	Y3/8n4	Fully integrated transmission control control unit
A40/9	Audio/COMAND control panel (except code 446 (Touchpad only))	L6/3	Left rear axle rpm sensor	Y53	Left rear axle damping valve unit
A105	Touchpad (with code 446 (Touchpad only))	L6/4	Right rear axle rpm sensor	Y53y1	Solenoid valve 1, rear left
B22/7	Left rear level sensor	N3/9	CDI control unit (diesel engine, located on the right for engine 651.9, located in the center for engine 642.8, located on the left for engines 654.9, 656.9)	Y53y2	Solenoid valve 2, rear left
B22/8	Left front level sensor	N3/10	ME-SFI [ME] control unit (gasoline engine, located on bottom right in engine 177.9, on outer left in engine 264.9, 274.9, in the center in engine 276.8)	Y54	Right rear axle damping valve unit
B22/9	Right front level sensor	N30/4	Electronic Stability Program control unit	Y54y1	Solenoid valve 1, rear right
B22/10	Right rear level sensor	N51/3	AIR BODY CONTROL control unit	Y54y2	Solenoid valve 2, rear right
B24/3	Left front body lateral acceleration sensor	N51/8	AIR BODY CONTROL Plus control unit		

☑ 그림 42.19 에어 보디 컨트롤 장치 개요 명칭

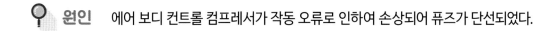

트러블의 원인과 수정

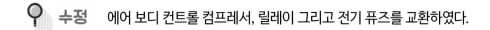

원인 에어 보디 컨트롤 컴프레서가 작동 오류로 인하여 손상되어 퓨즈가 단선되었다.

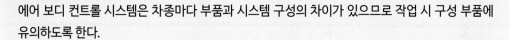

수정 에어 보디 컨트롤 컴프레서, 릴레이 그리고 전기 퓨즈를 교환하였다.

참고사항

에어 보디 컨트롤 시스템은 차종마다 부품과 시스템 구성의 차이가 있으므로 작업 시 구성 부품에 유의하도록 한다.

213

43

트렁크가 닫히지 않는다

 차량정보

모델	• E 200
차종	• 213
차량 등록	• 2017월 06월
주행 거리	• 89,801km

 고객불만

트렁크가 닫히지 않는다.

☑ 그림 43.1 213 차량 전면

진단 순서

트렁크가 자동으로 닫히지 않음을 확인하였다. 트렁크 닫힘 버튼을 누르면 트렁크 덮개가 내려왔다가 다시 올라갔다. 차량을 전자 점검하기 위하여 Xentry test를 실시하였다.

N121/1 – Tailgate control (HKS) unit(트렁크 컨트롤 유닛)의 내부에 고장 코드는 확인되지 않았다.

A1 - Instrument cluster (IC)			-✓-
Model	**Part number**	**Supplier**	**Version**
Hardware	213 901 36 06	Continental	16/22 000
Software	213 902 59 08	Continental	16/14 000
Software	213 902 85 03	Continental	15/40 000
Software	213 902 86 03	Continental	15/40 000
Software	213 902 87 03	Continental	15/40 000
Software	213 902 88 03	Continental	15/40 000
Software	213 902 89 03	Continental	15/40 000
Software	213 902 90 03	Continental	15/40 000
Software	213 902 91 03	Continental	15/40 000
Software	213 902 79 07	Continental	16/04 000
Boot software	213 904 26 00	Continental	15/40 000
Diagnosis identifier	004104	Control unit variant	IC213_IC213_E009_4

N121/1 - Tailgate control (HKS)			-✓-
Model	**Part number**	**Supplier**	**Version**
Hardware	213 901 55 00	Temic	14/43 000
Software	213 902 68 06	Temic	15/04 001
Boot software	---	---	14/35 000
Diagnosis identifier	000702	Control unit variant	PTCM213_PTCM213_ID00 0702

☑ 그림 43.2 트렁크 컨트롤 유닛 고장 코드 점검

트렁크를 자동으로 열고 닫아주는 M51/3, 리모트 트렁크 클로징 드라이브 유닛을 점검하였으나 특이 사항은 없었다.

☑ 그림 43.3 M51/3, 리모트 트렁크 클로징 드라이브 유닛

트렁크 락에 연결된 트렁크 락 파워 클로징 기어 모터를 점검해 보니 작동 시 공급 전압은 14.4V로 확인되었으나, 기어 모터가 작동되지 않음을 확인하였다.

☑ **그림 43.4** 트렁크 락 파워 클로징 기어 모터 점검

트렁크 락 파워 클로징 기어 모터를 교환하였다.

☑ **그림 43.5** 트렁크 락 파워 클로징 기어 모터 교환

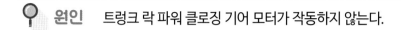

트러블의 원인과 수정

원인   트렁크 락 파워 클로징 기어 모터가 작동하지 않는다.

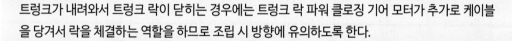

수정   트렁크 락 파워 클로징 기어 모터를 교환하였다.

참고사항

트렁크가 내려와서 트렁크 락이 닫히는 경우에는 트렁크 락 파워 클로징 기어 모터가 추가로 케이블을 당겨서 락을 체결하는 역할을 하므로 조립 시 방향에 유의하도록 한다.

Mercedes-Benz

205

후방 카메라가 작동하지 않는다

 차량정보

모델	· C 200 Coupe
차종	· 205
차량 등록	· 2020월 01월
주행 거리	· 56,478km

 고객불만

후방 카메라가 작동하지 않는다.

☑ 그림 44.1 205 차량 전면

286

진단 순서

후방 카메라가 작동하지 않음을 확인하였다.

차량을 전자 점검하기 위하여 Xentry test를 실시하였다.

N62 – Parking system (PARK)(파킹 시스템) 컨트롤 유닛, 고장 코드 B223209 : PARKTRONIC has a malfunction. 즉 파크트로닉에 기능 이상이 발생하였다. There is a component fault. 부품 이상이 발생하였다. Stored(저장형)으로 확인되었다.

N62 - Parking system (PARK)			-f-
Model	Part number	Supplier	Version
Hardware	000 901 33 08	Valeo	17/49 000
Software	000 902 59 48	Valeo	18/33 000
Boot software	---	---	17/51 000
Diagnosis identifier	006750	Control unit variant	PARKMAN213_ParkMan_0 06750

Fault	Text			Status
B223209	PARKTRONIC has a malfunction. There is a component fault.			S
	Name	First occurrence	Last occurrence	
	Frequency counter	---	255.00	
	Main odometer reading	12432.00km	56256.00km	
	Number of ignition cycles since the last occurrence of the fault	---	33.00	

S=STORED

☑ 그림 44.2 Parking system 내부 고장 코드 확인

고장 코드에 의거하여 가이드 테스트를 진행하였다. 그림 44.3에서는 순차적으로 가능한 원인과 해결책을 표시해 주고 있다. 가능한 해결책으로는 CAN 신호가 이상이 있으므로 Audio/comand의 소프트웨어나 코딩, ESP와 N62 Parktronic control unit 관련하여 추가 점검을 요구하였다.

Possible cause
- The CAN signal from control unit 'Audio/COMAND display' is missing.

Possible remedies
- Check software release of control unit 'Audio/COMAND display' and update if necessary.
- Check coding in control unit Head unit Audio/COMAND display and perform SCN coding if necessary.
- Check the fault memory of control unit 'ESP®' for relevant fault codes and process these.
- Check software release of control unit 'ESP®' and update if necessary.
- Check coding in control unit ESP® and perform SCN coding if necessary.
- Check electrical lines from control unit 'N62 (PARKTRONIC control unit)' to control unit 'Head unit' as per relevant wiring diagram.
- Check the fault memory of control unit 'Electrical power steering' for relevant fault codes and process these.

End of test

☑ 그림 44.3 가이드 테스트 확인

후방 카메라를 육안으로 점검하였다. 트렁크의 외부 손상은 확인되지 않았으나, 카메라 커버 작동이 불량함을 확인하였다.

☑ **그림 44.4 후방 카메라 점검**

육안 점검 중 후방 카메라 스위블 드라이브의 우측이 손상되어 있음을 확인하였다.

☑ **그림 44.5 후방 카메라 스위블 드라이브 손상**

후방 카메라의 작동을 확인해 보니 카메라는 정상적으로 작동됨을 확인하였다.

☑ 그림 44.6 후방 카메라 작동 확인

후방 카메라 스위블 드라이브를 탈착 후 점검 시 플라스틱 링키지 로드의 손상을 확인하였다.

☑ 그림 44.7 후방 카메라 스위블 드라이브 탈착

후방 카메라 스위블 드라이브 교환 후, 후방 카메라의 보정 상태는 보정됨으로 확인하였다.

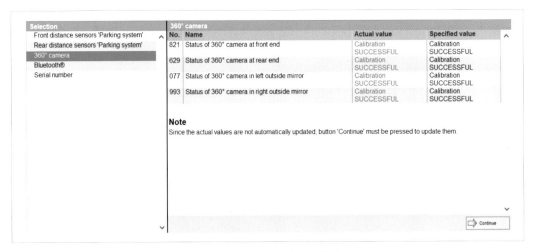

☑ 그림 44.8 카메라 보정 확인

트러블의 원인과 수정

원인 후방 카메라 스위블 드라이브가 손상이 되었다.

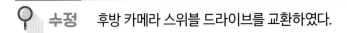

수정 후방 카메라 스위블 드라이브를 교환하였다.

후방 카메라 관련 부품 교환 작업 시에 카메라 보정은 반드시 확인하도록 한다.

166

Mercedes-Benz

45

차량 주행 시 가속과
기어 변속이 불량하다

차량정보

모델	ML 250 BT
차종	166
차량 등록	2015월 09월
주행 거리	130,050km

고객불만

차량 주행 시 가속과 기어 변속이 불량하다.

☑ 그림 45.1   166 차량 전면

진단 순서

단거리 차량 주행 시 가속과 기어 변속의 불량함을 확인하기는 어려웠다. 엔진 경고등도 점등되지 않았다. 차량을 전자 점검하기 위하여 Xentry test를 실시하였다. 그림 45.2에서 보듯이 AdBlue(요소수) 레벨이 낮음과 연료 레벨 낮음이 확인되었고, 가속에 관련하여 특이 사항은 확인되지 않았다.

N3/9 - Motor electronics 'CR43' for combustion engine   -f-
'OM651' (CDI)

Model	Part number	Supplier	Version
Hardware	651 901 24 01	Bosch	11/14 00
Software	651 904 04 01	Bosch	11/14 00
Software	651 902 89 03	Bosch	19/50 00
Software	651 903 55 69	Bosch	20/06 00
Boot software	---	---	11/14 00

Diagnosis identifier	020B0E	Control unit variant	Diag_0Eh

Fault	Text			Status
P13E7FD	The AdBlue® fill level is low. _			S
	Name	First occurrence	Last occurrence	
	Operating mode of combustion engine	0.00-	0.00-	
	Frequency counter	---	1.00	
	Main odometer reading	29138.00km	29138.00km	
	Number of ignition cycles since the last occurrence of the fault	---	200.00	
U144F00	Signal "Minimum fuel level REACHED" was received. _			S
	Name	First occurrence	Last occurrence	
	Boost pressure	0.99bar	1.15bar	
	Intake air pressure (filtered value)	1.02bar	1.00bar	
	Intake air temperature	26.00degC	15.00degC	
	Charge air temperature	22.00degC	12.00degC	
	Position of accelerator pedal	0.00%	0.00%	
	Battery voltage	11.00000V	14.20000V	
	Development data (CACT_Phys)	0.00°C	0.00°C	
	Coolant temperature	25.00degC	67.00degC	
	Status of clutch pedal (raw value)	0.00-	0.00-	
	Operating condition of combustion engine	3.00-	3.00-	
	Fill level of fuel tank	0.00[l]	2.00[l]	
	Torque of component 'G2 (Alternator)'	-12.00Nm	-12.00Nm	
	Position of exhaust gas recirculation positioner (actual value)	33.60%	35.20%	
	Operating time of combustion engine	637500.00s	637500.00s	
	Atmospheric pressure	1.02bar	1.00bar	
	Ambient temperature	16.00degC	9.00degC	
	Engine speed	780.00 1/min	1300.00 1/min	
	Lower limit value for quantity correction	0.00mm^3/hub	0.00mm^3/hub	
	Exhaust temperature in full load mode (specified value)	353.88degC	290.67degC	
	Exhaust back pressure upstream of turbocharger	1.05bar	1.26bar	
	Exhaust temperature upstream of oxidation catalytic converter	18.35degC	222.59degC	
	Exhaust temperature upstream of turbocharger	37.80degC	135.06degC	
	Requested heat output of fuel filter heater	0.00-	0.00-	
	Fill level of fuel tank	0.00L	0.50L	
	Development data (flg_HydFuPDifInDrvCyc)	0.00-	0.00-	
	On/off ratio of fuel pump	99.50%	69.00%	
	Fuel pressure	4.45bar	4.45bar	
	Fuel pressure (specified value)	4.50bar	4.50bar	
	Fuel temperature	25.00degC	25.00degC	
	Current injection quantity	10.00mm^3/hub	4.40mm^3/hub	
	Lambda value	0.00-	17.50-	
	Actual current of quantity control valve	451.00mA	792.00mA	

☑ 그림 45.2 엔진 고장 코드 확인

차량을 점검하기 위하여 시험 운전을 좀 길게 실시하였다. 일반적인 주행에서는 특이 사항이 없었으나 신호 대기 후 가속을 좀 빠르게 하면 동반석에서 공기 흐름 소음이 발생하고, 변속이 불안정함을 확인하였다. 엔진 점검을 실시하고, 흡입 공기 시스템에 스모크 테스트를 실시하였다.

☑ 그림 45.3 스모크 테스트 실시

스모크 테스트 중에 Charge air hose(충전 에어 호스) 좌측 상단에서 스모크가 누출됨을 확인하였으며, 호스가 찢어져 있음을 확인하였다.

☑ 그림 45.4 Charge air hose, 충전 에어 호스 손상

트러블의 원인과 수정

 원인   Charge air hose(충전 에어 호스)가 손상되었다.

 수정   Charge air hose(충전 에어 호스)를 교환하였다.

참고사항

Charge air hose(충전 에어 호스) 교환 후 진단기의 Reset values of HFM drift compensation(HFM 드리프트 보정 재설정) 항목의 부품에 해당되므로 학습 값을 재설정해주도록 한다.

46

차량의 시동이 걸리지 않는다

🚗 차량정보

모델	· C 250 T
차종	· 205
차량 등록	· 2016월 06월
주행 거리	· 110,652km

❓ 고객불만

차량의 시동이 걸리지 않는다.

☑ 그림 46.1 205 차량 전면

진단 순서

차량의 시동이 걸리지 않아서 견인, 입고하였다. 엔진 시동을 걸려고 하였지만 시동 배터리가 완전히 방전이 되어서 점프 스타트를 실시하였으나 Adblue(요소수) 경고등이 점등되어 주행 가능 거리 제한으로 시동이 걸리지 않아서 요소수를 완전히 보충하고, 차량을 점검하였다.

차량을 전자 점검하기 위하여 Xentry test를 실시하였다. 다양한 고장 코드가 확인되었다.

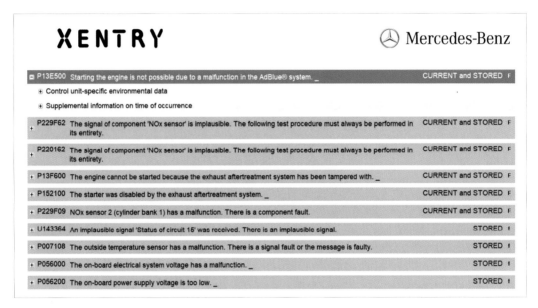

☑ 그림 46.2 엔진 고장 코드 확인

우선 엔진 시동을 걸기 위해서 CDI 소프트웨어 업데이트와 SCN 코딩을 실시하였다.

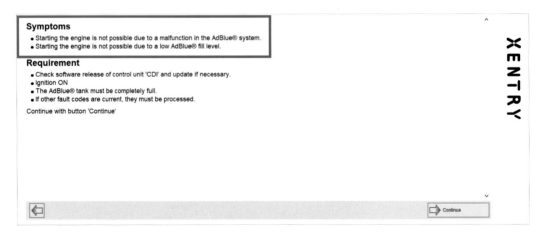

☑ 그림 46.3 시동 안걸림 해제

현재형 고장 코드로 확인되는 P229F62 : Nox 센서의 가이드 테스트를 진행시 그림 46.4에서 보이듯이 순서대로 진행하면 된다. Nox 센서의 상단과 하단 그리고 에어 클리너의 교환으로 확인되었다. 진행 단계로 Equipment codes 30o와 19o를 VeDoc에 문서화해야 한다.

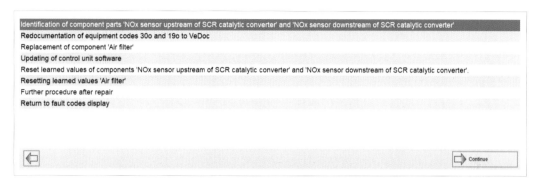

✅ **그림 46.4 가이드 테스트 점검 순서**

그림 46.5에서 보이듯이 Nox 센서와 에어클리너 교환 후 학습 값을 재설정해 주어야 한다.

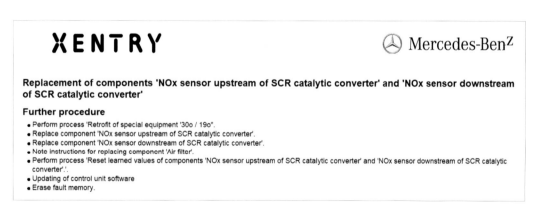

✅ **그림 46.5 가이드 테스트 과정**

그림 46.6은 요소수를 가득 채운 뒤 요소수 탱크의 레벨 선서로부터 받은 신호로 표시되는 실제 값을 보여주고 있다.

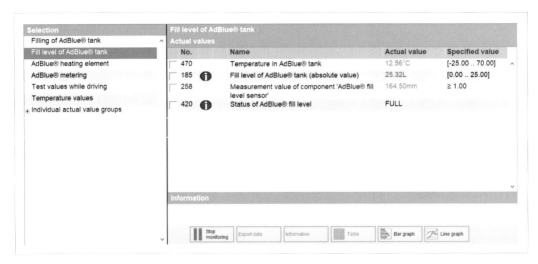

☑ 그림 46.6   요소수 탱크 실제 값

요소수를 보충한 후, 요소수 딜리버리 펌프의 작동 상태를 확인하고 작동 압력을 확인해 보았다. 그림 46.7에서 보이듯이 정상적으로 작동하였다.

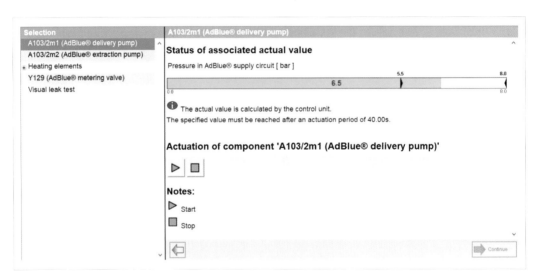

☑ 그림 46.7 요소수 펌프 작동 점검

트러블의 원인과 수정

 원인   Nox 센서의 기능이 불량하다.

 수정   요소수를 가득히 보충하고, Nox 센서의 전단과 후단 그리고 에어클리너를 교환하였다.

참고사항

- 요소수 관련 기능 이상의 경우 요소수 미터링 밸브의 육안 점검을 추가로 확인하도록 한다.
- 요소수 관련 기능 이상은 다양한 증상이 있으므로 작동 상태를 충분히 점검하도록 한다.

차량정보

모델	· ML 300 CDI
차종	· 164
차량 등록	· 2011월 07월
주행 거리	· 72,235km

47

파킹 브레이크가 해제되지 않는다

고객불만

파킹 브레이크가 해제되지 않는다.

☑ 그림 47.1   164 차량 전면

진단 순서

☑ **그림 47.2** 파킹 브레이크 페달 어셈블리

파킹 브레이크가 간헐적으로 해제되지 않음을 확인하였다. 파킹 브레이크 릴리스 레버는 작동되었으나 파킹 브레이크 페달 어셈블리에서 해제 가 불량함을 확인하였다.

파킹 브레이크 페달 어셈블리 교환 시에 파킹 브레이크 페달의 Notched rail(노치 레일)은 그림 47.3의 Notch(노치)를 적당한 공구를 이용하여 해제시킬 수 있다. 그리고 Retaining clip(리테이닝 클립)과 Parking brake cable(파킹 브레이크 케이블)을 페달 어셈블리로부터 분리시킬 수 있다.

☑ **그림 47.3** 파킹 브레이크 페달 노치

트러블의 원인과 수정

 원인 파킹 브레이크가 해제되지 않는다.

 수정 파킹 브레이크 페달 어셈블리를 교환하였다.

참고사항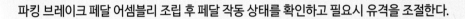

파킹 브레이크 페달 어셈블리 조립 후 페달 작동 상태를 확인하고 필요시 유격을 조절한다.

차량정보

모델	· GLA 35 AMG
차종	· 247
차량 등록	· 2021월 06월
주행 거리	· 72,235km

48

주행 중 앞에서 달가닥거린다

 고객불만

주행 중 앞에서 달가닥거린다.

☑ **그림 48.1 247 차량 전면**

진단 순서

고르지 못한 노면 주행시 앞좌측에서 달가닥거림을 확인하였다. 현가 장치와 프런트 액슬을 육안으로 외관 점검 시 손상이나 누유 등의 특이 사항이 발견되지는 않았다.

앞 차축과 쇼크 업소버를 탈착하여 점검을 실시하였다.

앞 좌측 쇼크 업소버를 분해하여 점검해 보니 그림 48.3에서 보이듯이 Coil spring shim(코일 스프링 쉼)에서 외부 손상이 발견되었다. 코일 스프링과 접촉 부분에서 외부 고무 재질이 벗겨짐을 확인하였다. 손상이 발견된 Coil spring shim(코일 스프링 쉼)을 교환하였다.

☑ 그림 48.2 앞 좌측 쇼크 업소버와 너클

Knuckle, 너클에서 쇼크 업소버 어셈블리 탈착 시 Spreader(너클 확장 특수 공구)를 사용하면 간편하게 탈착할 수 있다. 그림 48.4는 너클에 너클 확장 특수 공구를 장착한 상태이다.

☑ 그림 48.3 Coil spring shim(코일 스프링 쉼) 손상

☑ 그림 48.4 Spreader(너클 확장 특수 공구)

트러블의 원인과 수정

원인   주행 중 앞에서 달가닥거린다.

수정   앞 좌측 쇼크 업소버 코일 스프링 심을 교환하였다.

참고사항

쇼크 업소버 분해, 조립 작업 후 섀시 휠 얼라인먼트 작업을 추가로 실시하도록 한다.

238

Mercedes-Benz

49

리어 시트 벨트가 꼬여 있다

 차량정보

모델	• E 450 CAB
차종	• 238
차량 등록	• 2019월 08월
주행 거리	• 25,748km

고객불만

리어 시트 벨트가 꼬여 있다.

☑ 그림 49.1 238 차량 전면

진단 순서

리어 시트 벨트의 좌, 우가 꼬여 있음을 확인하였다. 외부적 영향에 의한 증상으로 판단하기는 어려웠다.

☑ **그림 49.2 리어 시트 벨트 꼬임**

시트 벨트를 점검해 보니 벨트 클립의 위치가 변경된 것이 아님을 확인하였다.
소프트 톱 루프 리어 부분을 약간 열고 리어 시트 벨트 상태를 점검하였다.

☑ **그림 49.3 소프트 톱 루프 리어 열림**

롤 바 측면 커버를 제거하면 리어 시트 벨트를 확인할 수 있다.

☑ **그림 49.4** 롤 바 측면 커버

롤 바 측면 커버를 제거 후 그림 49.5에서 보이듯이 시트 벨트의 꼬임을 확인하였다.

☑ **그림 49.5** 시트 벨트 꼬임 확인

꼬인 리어 시트 벨트를 정상적인 위치로 조정을 실시하였다.

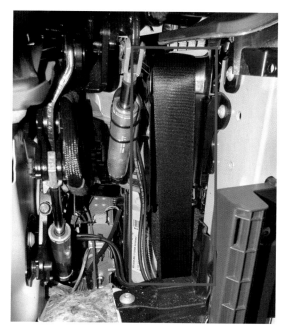

☑ **그림 49.6** 시트 벨트 위치 조정

트러블의 원인과 수정

원인   리어 시트 벨트가 꼬여 있다.

수정   롤 바 커버를 탈착하고 꼬인 리어 시트 벨트를 정상적인 위치로 조정하였다.

참고사항

소프트 톱 카브리올레 차량으로 리어 시트 벨트 리트렉터의 위치가 일반적인 세단 차량과는 차이가 있으므로 참고하도록 한다.

213

Mercedes-Benz

50

좌측 전조등이 손상되었다

🚗 **차량정보**

모델	E 63 S AMG
차종	213
차량 등록	2017월 11월
주행 거리	74,853km

? 고객불만

좌측 전조등이 손상되었다.

☑ **그림 50.1** 213 차량 전면

진단 순서

육안 점검 시 좌측 전조등이 손상되어 있음을 확인하였다.

☑ 그림 50.2 좌측 전조등 손상 확인

차량을 전자 점검하기 위하여 Xentry test를 실시하였다. 좌측 전조등 컨트롤 유닛에 고장 코드는 확인되지 않았다.

E1n9 - Left headlamp (SG-SW-L)			-✓-
Model	Part number	Supplier	Version
Hardware	213 901 55 04	Lear	15/18 000
Software	222 902 14 14	Lear	17/31 000
Boot software	---	---	14/39 000
Diagnosis identifier	001601	Control unit variant	HLI_FL253_B22_Variante

N73 - Electronic ignition lock (EZS)			-✓-
Model	Part number	Supplier	Version
Hardware	213 901 79 03	Kostal	16/18 000
Software	213 902 51 02	Kostal	16/27 002
Boot software	---	---	15/08 000
Diagnosis identifier	02F007	Control unit variant	EZS213_EZS213_Rel_06

N10/8 - Rear signal acquisition and actuation module (Rear SAM)			-✓-
Model	Part number	Supplier	Version
Hardware	213 901 52 06	Hella	15/43 001
Software	167 902 20 01	Hella	17/06 000
Boot software	---	---	15/07 004
Diagnosis identifier	000405	Control unit variant	BC_R213_E117_1

☑ 그림 50.3 전조등 컨트롤 유닛 고장 코드 점검

좌측 전조등 램프 유닛을 교환하고 전조등 램프 컨트롤 유닛의 코딩 어댑테이션을 실시하였다. 그림 50.4에서 보이듯이 전조등 램프 유닛 교환 후에는 좌측 LED matrix 램프 유닛 컨트롤 유닛과 좌측 전조등 컨트롤 유닛의 설정을 함께 실시해야 한다.

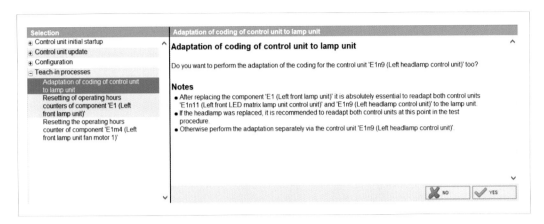

☑ 그림 50.4 전조등 램프 컨트롤 유닛 코딩 어뎁테이션

그림 50.5는 전조등 램프 컨트롤 유닛의 코딩 어뎁테이션을 2D 핸드 스캐너를 이용하여 LED CODE 데이터 매트릭스 코드 스캔 후 코딩이 입력되는 상황이다.

☑ 그림 50.5 램프 유닛 컨트롤 유닛 코딩 어뎁테이션 실시

그림 50.6은 좌측 전조등 컨트롤 유닛 코딩 어뎁테이션이 성공적으로 실시되었음을 보여주고 있다.

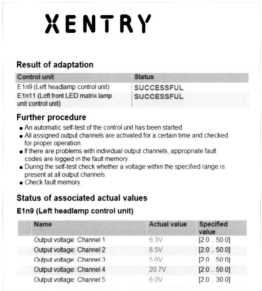

☑ **그림 50.6 좌측 전조등 코딩 어뎁테이션 완료**

그림 50.7은 전조등 램프 유닛 교환 후 작동 시간을 초기화시킨 이후의 상황이다.

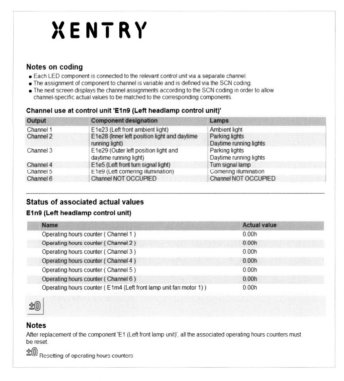

☑ **그림 50.7 전조등 램프 유닛 작동 시간 초기화**

그림 50.8은 LED matrix 램프 컨트롤 유닛의 작동 시간을 초기화시킨 이후의 상황이다.

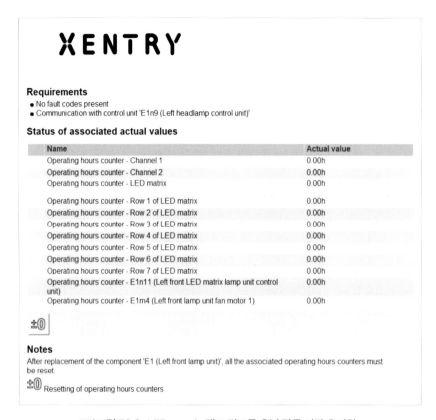

☑ 그림 50.8 LED matrix 램프 컨트롤 유닛 작동 시간 초기화

그림 50.9는 전조등 램프 유닛 팬모터 작동 시간을 초기화시킨 이후의 상황이다.

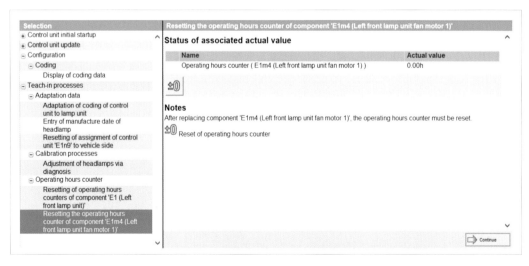

☑ 그림 50.9 램프 유닛 팬모터 작동 시간 초기화

트러블의 원인과 수정

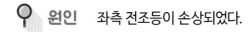 **원인**   좌측 전조등이 손상되었다.

수정   좌측 전조등 유닛을 교환하고 LED matrix 램프 컨트롤 유닛, 전조등 램프 컨트롤 유닛 그리고 램프 유닛 팬모터의 작동 시간 초기화를 실시하였다.

참고사항

전조등 램프 유닛 교환 후 절차에 의거하여 컨트롤 유닛의 초기화 설정 및 SCN coding을 해야 하므로 작업 절차를 숙지하고 준비하도록 한다.

저자 약력
모준범

☑ **충남 서산 출생**

☑ **학력**
- 서산공업고등학교
- 신성대학교
- 중부대학교대학원

☑ **경력**
- Mercedes-Benz 대전서비스센터 (한성) 2002 ~ 2017
- Mercedes-Benz Sydney (호주 시드니) 2018 ~ 현재

☑ **학술 논문**
- 승용 디젤 엔진에 장착된 SCR 장치의 고장 유형별 고찰 (2016)

☑ **강의 및 활동**
- 충북 영동 교육 지원청 진로 교육
- 한성자동차 사내 기술 교육
- TESDA XI 한국 – 필리핀 직업 훈련 센터 교육
- Team MEG 교육
- 수입차 정비 S.I.C.S. 교육
- 지방기능경기대회 심사 위원

☑ **국가 기술 자격 사항**
- 자동차 정비 기능사 (기관, 전기, 섀시)
- 자동차 정비 산업기사
- 자동차 정비 기사
- 자동차 정비 기능장
- 직업 능력 개발 훈련 교사 (차량정비)

☑ **Mercedes-Benz 자격 사항**
- Certified Mercedes-Benz Maintenance Technician (CMT)_공인 유지보수 전문가
- Certified Mercedes-Benz System Technician (CST)_공인 시스템 전문가
- Certified Mercedes-Benz Diagnosis Technician (CDT)_공인 진단 전문가

☑ **호주 기술 자격 사항**
- Certificate III in Light Vehicle Mechanical Technology

☑ **대회 수상 이력**
- 제2회 Mercedes-Benz 기술 경진 대회
  ▷ 1위 (Mercedes-Benz Korea 주최)
- The 3rd HSMC Skill Contest
  ▷ 1위 (한성자동차 주최)
- LSH Auto Australia 2023 MastersClub Awards -Technician(3rd)

1 Mercedes-Benz Sydney의 포맨
Graeme의 40년 재직 기념

2 크리스마스 기념 직원들과 함께

3 생일자 직원들과 케익 자르기

4 Mercede-Benz Brisbane

Mercedes-Benz 벤츠정비의 하이테크 **2**

초판 인쇄 | 2024년 3월 8일
초판 발행 | 2024년 3월 15일

저   자 | 모준범
발 행 인 | 김길현
발 행 처 | (주) 골든벨
등   록 | 제 1987 – 000018호
I S B N | 979 – 11 – 5806–693–2
가   격 | 30,000원

교 정 | 안명철
표지 및 디자인 | 조경미 · 박은경 · 권정숙
제작 진행 | 최병석
웹매니지먼트 | 안재명 · 서수진 · 김경희
오프 마케팅 | 우병춘 · 이대권 · 이강연
공급관리 | 오민석 · 정복순 · 김봉식
회계관리 | 김경아

(우)04316 서울특별시 용산구 원효로 245(원효로 1가 53-1) 골든벨 빌딩 5~6F
• TEL : 도서 주문 및 발송 02–713–4135 / 회계 경리 02–713–4137
       기획디자인본부 / 해외 오퍼 및 광고 02–713–7453
• FAX : 02–718–5510 • http : //www.gbbook.co.kr • E–mail : 7134135@naver.com

이 책에서 내용의 일부 또는 도해를 다음과 같은 행위자들이 사전 승인없이 인용할 경우에는 저작권법 제93조
「손해배상청구권」에 적용 받습니다.
① 단순히 공부할 목적으로 부분 또는 전체를 복제하여 사용하는 학생 또는 복사업자
② 공공기관 및 사설교육기관(학원, 인정직업학교), 단체 등에서 영리를 목적으로 복제 · 배포하는 대표, 또는 당해 교육자
③ 디스크 복사 및 기타 정보 재생 시스템을 이용하여 사용하는 자

Mercedes-Benz

Mercedes-Benz

Mercedes-Benz